轻松学AI

从新手到高手

罗冬琴 李 峥 编著

U0723371

云南科技出版社
·昆明·

图书在版编目（ＣＩＰ）数据

轻松学 AI / 罗冬琴, 李岭编著 . -- 昆明 : 云南科技出版社 , 2025. -- ISBN 978-7-5587-6297-0

Ⅰ . TP18

中国国家版本馆 CIP 数据核字第 20255XT293 号

轻松学AI

QINGSONG XUE AI

罗冬琴　李　岭　编著

出 版 人：温　翔

责任编辑：赵敏杰

特约编辑：刘明纯

封面设计：李东杰

责任校对：孙玮贤

责任印制：蒋丽芬

书　　号：ISBN 978-7-5587-6297-0

印　　刷：三河市南阳印刷有限公司

开　　本：710mm × 1000mm　1/16

印　　张：9

字　　数：126千字

版　　次：2025年4月第1版

印　　次：2025年4月第1次印刷

定　　价：59.00元

出版发行：云南科技出版社

地　　址：昆明市环城西路609号

电　　话：0871-64192481

序 言

迎接 AI 新纪元

亲爱的读者：

当你翻开这本书的那一刻，你已经站在了人类历史的一个重要转折点上。我们正处于人工智能（AI）革命的风口浪尖，这场革命正以前所未有的速度和广度重塑我们的世界。从智能手机助手到自动驾驶汽车，从医疗诊断到金融预测，再到智能制造和城市管理，AI 的身影无处不在，其影响力正在深入到社会的每一个角落。

这场 AI 革命的意义远远超出了技术层面。它正在颠覆传统产业结构，创造新的就业机会，推动科学研究的边界，甚至改变我们对人类智能本质的认知。面对这场波澜壮阔的变革，我们每一个人都有责任去了解、适应并积极参与其中。

当第一缕科技的曙光穿透历史的云层，人类文明便开启了波澜壮阔的征程。从火的驯服到轮子的发明，从蒸汽机的轰鸣到互联网的浪潮，每一次技术的飞跃都深刻地改变了我们的世界。而今，我们站在一个全新的时代门槛上——AI 新纪元正向我们阔步走来，带着无尽的可能与未知，掀起一场前所未有的变革风暴。

回首过往，人工智能的发展宛如一部充满传奇色彩的史诗。它从最初的萌芽状态，经历了无数次的探索、尝试与挫折，如同在黑暗中摸索前行的旅人，凭借对未知的渴望与坚定的信念，逐步找到了通往光明的道路。早期的 AI 研究者们怀揣着对智能的憧憬，试图揭开人类智慧的神秘面纱，并将其转化为机器能够理解与执行的代码。尽管那时的技术手段有限，但他们所迈出的每一步都为后来的突破奠定了坚实的基础。

随着计算机技术的飞速发展，大数据时代的汹涌浪潮为 AI 的崛起提供了肥沃的土壤。深度学习算法如同一把神奇的钥匙，打开了 AI 潜力的宝库，让机器具备了从海量数据中自主学习与成长的能力。如今，AI 已不再是科幻小说中的虚构概念，而是实实在在地渗透到了我们生活的各个角落，从医疗、交通到金融、教育，它的身影无处不在，以一种潜移默化却又势不可挡的方式，重塑着我们的世界。

在医疗领域，AI 化身智慧助手，协助医生们精准诊断疾病，为患者带来新的希望。它能够快速分析大量的医学影像，捕捉到那些细微的病变迹象，在某些情况下，其诊断的准确率甚至超越了人类专家。这不仅提高了医疗效率，更让无数生命在与病魔的赛跑中赢得了宝贵的时间。在交通领域，自动驾驶技术正引领着一场交通革命。想象一下，未来的城市中，自动驾驶的车辆井然有序地穿梭在街道上，它们无须人类驾驶，却能精准地感知周围环境，做出最优的行驶决策。这将极大地减少交通事故的发生，缓解交通拥堵，让我们的出行变得更加便捷与安全。

金融领域也因 AI 的介入而焕发出新的活力。智能算法能够对海量的金融数据进行深度分析，预测市场趋势，为投资者提供精准的投资建议。同时，AI 还在风险评估与欺诈检测方面发挥着重要作用，守护着金融体系的安全与稳定。在教育领域里，AI 为个性化学习提供了可能。它能够根据每个学生的学习进度、兴趣爱好与学习风格，量身定制专属的学习方案，让教育不再是千篇一律的灌输，而是真正成为点燃学生智慧火花的引子。

然而，AI 的发展并非一帆风顺，它也面临着诸多挑战与风险。技术层面上，AI 系统的可靠性和安全性仍需进一步提升。我们不希望在未来的某一天，自动驾驶汽车因系统故障而引发灾难，也不希望智能医疗设备因数据错误而给出错误的诊断。伦理和法律层面更是充满争议，AI 的决策是否具有道德责任？当 AI 创作物出现时，版权又该归谁所有？这些问题如同悬在 AI 头顶的达摩克利斯之剑，时刻提醒着我们，在追求技术进步的同时，必须谨慎地思考其背后的伦理与法律问题。社会层面上，AI 可能会加剧发展的不平衡等，那些掌握先进 AI 技术的群体与未能跟上技术步伐的群体之间的差距可能会越来越大。同时，人们也担心 AI 会取代大量的人类工作，引发失业潮，进而影响社会的稳定与和谐。

但即便如此，我们依然满怀信心地迎接 AI 新纪元的到来。因为人类历史上的每一次技术革命，都曾伴随着类似的担忧与挑战，然而最终，技术的力量都推动着社会不断向前发展，创造出更加美好的未来。我们相信，只要我们以理性、谨慎的态度去引导 AI 的发展，建立健全相关的法律法规与伦理准则，充分发挥 AI 的优势，规避其风险，那么 AI 必将成为人类文明进步的强大助力。

在这个充满机遇与挑战的新纪元里，让我们携手共进，以开放的心态拥抱 AI，用智慧与勇气去探索未知的领域，共同书写人类与 AI 和谐共生、共创辉煌的崭新篇章。因为，这不仅是一个属于 AI 的时代，更是一个属于勇于创新、敢于探索的我们的时代。

目录

第一章

AI写作助手：提升文字创作效率

第二章

AI 图像处理：从照片修复到无中生有

第三章

AI 音频处理：语音识别与音乐创作

第四章

AI 视频制作：从模拟世界到开创纪元

第五章

AI 制作 3D 建模：次元壁的新突破

附 录

AI 工具大全：分类与推荐

第一章

AI写作助手：提升文字创作效率

AI写作是一种利用人工智能技术实现自动化或半自动化文本创作的过程，主要基于自然语言处理（NLP）、深度学习、机器学习等前沿技术。通过学习大量的文本数据，AI写作工具能够掌握语法规则、句式结构、文风和语调。当用户输入初始文本或关键词时，AI写作工具会根据学习成果生成连贯且符合语境的内容。随着AI技术的进一步普及和发展，AI写作工具的应用场景将扩展到更多领域。

AI写作的应用场景众多，如以下几个场景。

新闻报道：一些媒体机构使用AI写作工具快速生成新闻报道草稿，尤其在体育比赛结果或财经数据更新等需要迅速报道的场景中，能够提高内容生产效率。

商业文案：AI写作工具可以帮助营销人员制作吸引眼球的广告文案和社交媒体帖子。

创意写作：小说家和编剧也在尝试使用AI来辅助情节构思和对话创作，以激发新的灵感。

教育领域：AI写作工具可以帮助学生生成学习材料，辅助教师批改作业。

……

AI 写作的优势也是非常明显。

提高写作效率：AI 写作工具能够快速生成文本内容，显著提高用户的写作速度。

提供创意灵感：AI 写作工具可以为专业人士提供更多的创意灵感。

满足个性化需求：AI 写作能够生成不同风格和内容的个性化文章。

……

如何有效使用 AI 写作助手

明确写作目标

例子：如果老师布置了"描写春天的公园"，先想清楚要写什么内容（花草、人物活动、天气），再决定文章结构（开头引入、中间细节、结尾感受）。

如何做：用纸笔列出关键词，比如"樱花、风筝、阳光、笑声"。再告诉 AI："我需要一篇关于春天公园的作文，包含樱花、放风筝的小孩和温暖的阳光。"

⊗ **普通提问**："帮我写一个作文开头。"（可能不符合你的主题）

> 帮我写一个作文开头。

好的，我可以帮你写一个作文开头。不过我需要知道作文的主题和体裁，比如是记叙文、议论文还是散文，主题是关于成长、亲情、梦想还是其他内容。你可以告诉我更多细节，这样我就能更好地为你创作一个精彩的开头。

🗋 复制 ↻ 再试一次 🗋 分享   👍 👎

⊘**高效提问：**"我的作文主题是'第一次学游泳'，请生成3种不同的开头：①用环境描写；②用对话；③用比喻句。"再从中选一个喜欢的，自己修改细节。

> 我的作文主题是'第一次学游泳'，请生成3种不同的开头：1.用环境描写 2.用对话 3.用比喻句。

以下是三种不同风格的作文开头，分别对应环境描写、对话和比喻句：

1. 环境描写开头

夏日的阳光如同金色的绸缎，洒在波光粼粼的泳池上，水面上泛起层层细碎的光点，像是无数顽皮的小精灵在跳跃。泳池边，孩子们的欢声笑语交织在一起，空气中弥漫着淡淡的氯气味道。我站在泳池边，望着那片清澈的蓝色，心中既充满了期待，又夹杂着一丝紧张。今天，我要开始我的第一次游泳之旅。

2. 对话开头

"嘿，你还在发什么呆呢？"妈妈的声音在我耳边响起，把我从愣神中拉了回来。"我……我有点害怕。"我小声嘟囔着，眼神不自觉地飘向泳池。"怕什么呀，有妈妈陪着你呢！"妈妈笑着拍了拍我的肩膀，"第一次学游泳嘛，谁都会害怕，但只有勇敢迈出第一步，你才能学会。"听了妈妈的话，我深吸一口气，点了点头，决定勇敢地迈出这一步。

3. 比喻句开头

第一次学游泳，就像是一只雏鸟第一次展翅尝试飞翔，心中充满了对未知的恐惧与期待。我站在泳池边，望着那片湛蓝的水面，它仿佛是一片神秘的海洋，既让我向往，又让我害怕。我知道，只有勇敢地跳入其中，才能真正领略到游泳的乐趣，就像雏鸟只有勇敢地飞向天空，才能拥抱广阔的天地。

你可以根据自己的喜好和写作思路，选择其中一个开头来展开作文。希望这些开头能给你带来灵感！

　　复制　　再试一次　　分享　　　　　　　　　　👍 👎

向 AI 输入清晰的指令

技巧：指令越具体，AI 生成的文字越符合要求。

⊗ **模糊指令**："写一篇作文。"

> 写一篇作文。

以下是一篇作文，你可以根据需要修改完善，或者告诉我具体的主题、体裁、字数等要求，我会重新为你生成。

《在平凡中绽放光彩》

在生活的舞台上，每个人都是主角，都在自己的轨迹上努力前行。有的人光芒万丈，站在聚光灯下，而大多数人则在平凡的岗位上默默耕耘。然而，正是这些平凡的人，用他们的坚持和付出，为这个世界增添了无数温暖的色彩。

环卫工人，是城市中最早的"起床者"。当大多数人还在梦乡时，他们已经拿起扫帚，穿梭在大街小巷。无论是酷暑还是严寒，他们都坚守在自己的岗位上，用辛勤的汗水换来城市的整洁与美丽。他们的工作看似平凡，却有着非凡的意义。正是因为有了他们的付出，我们才能在清晨呼吸到清新的空气，走在干净整洁的街道上。他们用自己的双手，为城市的容貌"化妆"，让城市的每一个角落都焕发出勃勃生机。

教师，是人类灵魂的工程师。他们站在三尺讲台，用知识的火种点燃学生心中的希望。他们没有惊天动地的壮举，却用日复一日的坚守，为学生铺就成长的道路。在课堂上，他们耐心地讲解每一个知识点，用生动的语言和丰富的肢体语言吸引学生的注意力；在课后，他们认真批改作业，为学生答疑解惑。他们用自己的心血和智慧，培养出了一批又一批优秀的人才。他们就像一支蜡烛，燃烧自己，照亮别人，在平凡的岗位上书写着不平凡的篇章。

医护人员，是生命的守护者。他们日夜奋战在医院的各个角落，与病魔作斗争。在手术室里，医生们全神贯注地进行手术，用精湛的医术拯救患者的生命；在病房里，护士们细心地照顾每一位患者，用温暖的话语和贴心的服务抚慰患者的心灵。他们没有节假日，没有固定的休息时间，只要患者需要，他们就会毫不犹豫地冲上前去。他们用自己的行动诠释着"救死扶伤"的神圣使命，在平凡的岗位上为生命保驾护航。

平凡不是平庸，平凡中蕴含着伟大的力量。每一个平凡的人，都在用自己的方式为这个世界贡献力量。他们或许没有显赫的地位，没有耀眼的光环，但他们用坚持、用奉献、用爱，在平凡中绽放出属于自己的光彩。

✓ **具体指令**："请用 300 字描写公园的春天景色，重点写柳树、湖面和小朋友玩耍的场景，结尾表达对自然的喜爱。"

请用300字描写公园的春天景色，重点写柳树、湖面和小朋友玩耍的场景，结尾表达对自然的喜爱。

春日的公园，宛如一幅绚丽的画卷。湖边的柳树，嫩绿的枝条轻垂，随风摇曳，仿佛少女的长发，柔软而灵动。微风拂过，柳絮如雪花般飘舞，落在湖面上，荡起层层涟漪。湖水在阳光的照耀下波光粼粼，几只野鸭悠闲地游弋，不时潜入水中，又带着水珠欢快地浮出，打破了湖面的宁静。

湖畔的小路上，孩子们的欢笑声此起彼伏。有的在追逐嬉闹，有的在放风筝，五彩斑斓的风筝在蓝天白云间翱翔，像是孩子们的梦在空中飞舞。还有些孩子围坐在草地上，认真地观察着刚冒出头的小草，好奇地讨论着春天的秘密。

这春日的公园，充满了生机与活力，每一处景色都让人沉醉。我爱这美好的春天，更爱大自然赋予我们的这份宁静与欢乐。

复制　　再试一次　　分享　　　　　　　　　　　　👍 👎

进阶方法：如果第一次结果不满意，可以补充细节，如："请加入比喻句，比如'柳枝像绿色的丝带'。"

请加入比喻句，比如'柳枝像绿色的丝带'。

春日的公园，宛如一幅绚丽的画卷，处处洋溢着生机与活力。

湖边的柳树，枝条嫩绿，像是绿色的丝带轻轻垂下，随风飘荡，仿佛在向人们展示春天的温柔。柳枝上，新芽初绽，星星点点，像是点缀在丝带上的翠玉。微风拂过，柳絮如雪花般飘舞，轻盈地落在湖面上，湖水立刻变得灵动起来，泛起层层涟漪，像是无数顽皮的小精灵在嬉戏。

湖水在阳光的照耀下波光粼粼，如同一面巨大的镜子，映照出蓝天白云和岸边的美景。几只野鸭悠闲地游弋，不时潜入水中，又带着水珠欢快地浮出，打破了湖面的宁静，仿佛在和湖水捉迷藏。

湖畔的小路上，孩子们的欢笑声此起彼伏。他们像一群快乐的小精灵，在草地上奔跑、追逐。有的孩子在放风筝，五彩斑斓的风筝在蓝天白云间翱翔，像是孩子们的梦在空中飞舞。还有些孩子围坐在草地上，认真地观察着刚冒出头的小草，好奇地讨论着春天的秘密，仿佛发现了大自然的宝藏。

这春日的公园，充满了生机与活力，每一处景色都让人沉醉。我爱这美好的春天，更爱大自然赋予我们的这份宁静与欢乐，它如同一首优美的诗，永远铭刻在我的心中。

复制　　再试一次　　分享　　　　　　　　　　　　👍 👎

❌**普通句子**："今天下雨了，我没带伞。"

✅**高效提问**："把这句话改得更生动：加入比喻句，描述雨的声音和我的心情。"

AI 生成："乌云像打翻的墨水瓶，雨水噼里啪啦砸在地上，我站在校门口缩着脖子，后悔没听妈妈的话带伞。"

生成内容后主动修改

检查逻辑：AI 有时会写出前后矛盾的内容。比如前文说"下雨"，后文又写"阳光明媚"，需要你手动修正。

加入个人体验：AI 无法代替你的真实感受，需要调整语气匹配场景。例如：

✅日记需要口语化→"把这句话改得像小朋友说话：今日天朗气清，惠风和畅。"

✅演讲稿需要气势→"把结尾改得更鼓舞人心，用排比句。"

防跑题：让 AI"总结中心思想"。

✅"用一句话告诉我，我这段文字主要表达了什么？"

✅"我的题目是'爱护环境'，这段关于垃圾分类的描述是否切题？"

学习 AI 的优点

积累好词好句：如果 AI 写出了"湖面像一面闪闪发光的镜子"，可以记下来，下次自己写雨后积水时也能用类似比喻。

观察结构：注意 AI 如何分段，比如先写环境再写人物活动，模仿这种逻辑。

超实用技巧：像玩游戏一样用 AI

用"角色扮演"激发创意，例子：

写科幻故事→"假设你是外星人，用 5 岁小孩能听懂的话描述地球。"

学古诗→"如果你是李白，会怎么形容今天的操场？"

和 AI "合作写故事"

你写："小明在沙滩发现了一个漂流瓶……"

让 AI 续写："瓶子里有一张泛黄的地图，上面画着……"

你再接着编："地图标记的岛屿名字叫'星星岛'……"

提示词与优化 AI 生成的内容

提示词（prompt）是什么？——它就像遥控器按钮的语言指令。

简单理解

就像电视遥控器，按"1 频道"看动画片，按"音量 +"调大声音。提示词就是告诉 AI 要做什么的"按钮指令"。

例子对比：

⊗ **模糊指令**："写作文。"（就像只按开机键，电视随便播什么你都得看。）

◎ **具体提示词**："写一篇 300 字关于暑假去海边玩的作文，要包含捡贝壳、堆沙堡和爸爸教我游泳的故事。"（就像精准选择"动画频道第 5 集"）

写一篇300字关于暑假去海边玩的作文，要包含捡贝壳、堆沙堡和爸爸教我游泳的故事。

暑假的海边之旅

暑假里，我最难忘的就是去海边玩的那几天。阳光洒在海面上，波光粼粼，海浪轻轻拍打着沙滩，像是在欢迎我们。

到了海边，我迫不及待地奔向沙滩。沙滩上有很多漂亮的贝壳，它们形状各异，有的像小扇子，有的像小星星。我一边捡贝壳，一边兴奋地大叫，把它们都装进了小桶里。爸爸也陪着我一起捡，我们还比赛谁捡得多呢。

捡完贝壳，我又开始堆沙堡。我用手把沙子堆成一个小山，然后用小铲子把它修整得更像城堡。爸爸也来帮忙，我们一起给沙堡加上城墙和塔楼。虽然沙堡被海浪冲倒了好几次，但我们还是乐此不疲。

最让我开心的是爸爸教我游泳。一开始我有点害怕，但爸爸一直鼓励我。他让我先在浅水区练习憋气，然后教我划水的动作。当我第一次能漂在水面上时，我开心极了，感觉自己像一条小鱼。

这个暑假的海边之旅让我收获了快乐，也学会了勇敢。

☐ 复制   ↻ 再试一次   ⤴ 分享   👍 👎

提示词的核心作用

控制 AI 方向：好的提示词 = 导航地图，避免 AI 跑偏。

想写科幻故事：提示词要加"外星人、未来城市、机器人伙伴"等关键词。

想查数学题：提示词要说"用三年级能听懂的方法，讲解'鸡兔同笼'问题"。

优化提示词能让 AI 更准确地理解你的需求，生成更符合你预期的内容。

越具体越好

⊗ 普通提示词："写一篇关于动物的作文。"

◎ 优化后："写一篇关于熊猫的作文，要包含它的外表（黑眼圈、胖身体）、喜欢吃的食物（竹子）和为什么它是中国国宝。"

写一篇关于熊猫的作文，要包含它的外貌（黑眼圈、胖身体）、喜欢吃的食物（竹子）和为什么它是中国国宝。

熊猫：中国国宝的可爱魅力

在动物王国里，有一种动物以其憨态可掬的形象和独特的魅力深受人们喜爱，它就是大熊猫。大熊猫是中国特有的珍稀动物，被誉为"中国国宝"，它不仅是自然界的瑰宝，更是中国文化的重要象征。

大熊猫的外貌非常独特，最引人注目的莫过于它那标志性的黑眼圈。它的眼睛周围有一圈黑色的毛发，仿佛戴着一副时尚的墨镜，显得格外俏皮可爱。这种独特的面部特征让大熊猫在众多动物中脱颖而出，成为人们心目中独一无二的存在。它的身体圆滚滚的，胖乎乎的，四肢粗壮有力，走起路来一摇一摆，仿佛一个可爱的"肉球"在滚动。这种憨态可掬的模样让人忍俊不禁，也让大熊猫成为了动物界中的"萌神"。

大熊猫最喜欢的食物是竹子。它们生活在竹林茂密的山区，以竹子为食。尽管竹子的营养价值并不高，但大熊猫却能够凭借其特殊的消化系统和强大的咀嚼能力，将竹子转化为能量。它们每天会花费大量的时间来啃食竹子，用那锋利的牙齿将竹子咬成一段段，然后慢慢咀嚼。这种对竹子的喜爱不仅体现了大熊猫的饮食习性，也成为了它们与和谐自然共生的生动写照。

大熊猫之所以被称为"中国国宝"，原因有很多。首先，大熊猫是中国特有的物种，它们只生活在中国的四川、陕西和甘肃等地的山区。这种独特的地理分布使得大熊猫成为了中国自然生态的重要代表。其次，大熊猫的数量非常稀少，它们面临着栖息地破坏、繁殖困难等诸多威胁。为了保护大熊猫，中国政府和国际社会都投入了大量的资源和精力，大熊猫的保护工作也成为了全球生物多样性保护的重要组成部分。此外，大熊猫还承载着深厚的文化意义。在中国传统文化中，大熊猫被视为和平与友谊的象征。它们的形象经常出现在各种文化作品中，成为了中国文化的重要符号。

大熊猫不仅是中国的国宝，更是世界自然遗产的重要组成部分。它们以其独特的外貌、特殊的饮食习性和珍贵的生态价值，赢得了全世界人民的喜爱和尊重。保护大熊猫，就是保护我们共同的地球家园。让我们共同努力，为大熊猫创造一个更加美好的生存环境，让它们继续在这个星球上绽放它们独特的魅力。

为什么？

你给的信息越多，AI 就越知道要写什么，内容会更丰富、不跑题。

告诉 AI 你的任务

⊗ **模糊任务**："帮我写一个故事。"

◎ **明确任务**："帮我写一个 300 字的童话故事，主角是一只害怕黑暗的小兔子，最后它学会了勇敢。"

> 帮我写一个300字的童话故事，主角是一只害怕黑暗的小兔子，最后它学会了勇敢。

小兔子不怕黑了

从前，森林里着住一只可爱的小兔子，名叫毛毛。毛毛有一双红红的眼睛，长长的耳朵，还有一身雪白的毛，大家都很喜欢它。可是，毛毛有一个大大的烦恼，它害怕黑暗。每当夜幕降临，森林变得黑漆漆的，毛毛就吓得躲进洞里，不敢出来。

有一天，毛毛的奶奶生病了，住在森林另一边的兔奶奶家。毛毛想去看望奶奶，可天已经黑了。它犹豫了很久，还是鼓起勇气，决定出发。毛毛紧紧抓着一根胡萝卜，小心翼翼地走在黑暗的小路上。风呼呼地吹着，树叶沙沙作响，毛毛的心跳得厉害，它害怕得想转身回去。

就在这时，一只萤火虫飞了过来，它闪着柔和的光，停在毛毛的鼻子上，说："小兔子，别怕，我会陪你一起走。"萤火虫的光虽然微弱，却照亮毛毛的路。毛毛看着萤火虫，心里暖暖的，它不再那么害怕了。它一边走，一边和萤火虫聊天，不知不觉就来到了兔奶奶家。

兔奶奶看到毛毛，开心地笑了。毛毛把奶奶抱在怀里，说："奶奶，我再也不怕黑了，因为我知道，黑暗里也有朋友。"从那以后，毛毛再也不害怕黑暗了，它学会了勇敢，也明白了，只要有爱和勇气，黑暗并不可怕。

[] 复制　　○ 再试一次　　[] 分享　　　　　　　　　　👍 👎

为什么？

就像告诉朋友"画一幅画"和"画一幅夏天的海边，有椰子树和彩虹"的区别，越具体，结果越清晰。

设定角色或身份

❌ **普通提示**："解释什么是台风。"

✅ **优化后**："假如你是一位气象学家，用小学生能听懂的话解释台风是怎么形成的，并举一个例子。"

为什么？

让 AI 代入角色，内容会更适合你的需求（比如语言更简单、例子更生动）。

假如你是一位气象学家，用小学生能听懂的话解释台风是怎么形成的，并举一个例子。

嗨，小朋友们！我是气象学家，今天就来给大家讲讲台风是怎么形成的。

台风的形成过程

台风其实是一种很厉害的大风，它是在海洋上形成的。想象一下，大海就像一个巨大的热水壶，当太阳把海水晒得很暖和的时候，海面上的空气就会变得很热，热空气就像气球一样，会往上飘。当热空气飘到高空中，周围的冷空气就会跑过来填补空缺。这样，空气就会不停地流动，就像一个大漩涡一样转起来。

当这个漩涡越转越快，越转越大，就形成了台风。台风的中心叫做"台风眼"，那里风平浪静，可是在它周围，风可大啦，能把大树吹倒，把房子掀翻呢！

举个例子

想象一下，你在一个大浴缸里放了很多水，然后用勺子在水里快速地搅动。你会发现水开始旋转起来，形成了一个漩涡。这个漩涡就像台风一样，是空气在旋转形成的。

再比如，你在操场上跑步，跑得很快的时候，是不是会感觉风很大？台风也是这样，当空气旋转得特别快的时候，风就特别大，就变成了台风。

总结

所以，台风是因为海洋上的暖空气上升，周围的冷空气过来填补，然后不停地旋转形成的。它是一个很厉害的大风，大家一定要注意安全哦！

複制　　再试一次　　分享

分步骤指导

如果想写一篇节日作文，可以分步提问。

第一步："列出春节的 3 个传统习俗（比如贴春联、吃饺子）。"

第二步："用这些习俗写一段话，描述我和家人过春节的情景。"

为什么？

拆分任务能让 AI 一步步帮你完成复杂的内容，就像搭积木一样！

加入"不要"的内容

⊗ 普通提示："写一个侦探故事。"

⊘ 优化后："写一个侦探故事，主角是学生，不要出现暴力情节，结局要温馨。"

为什么？

告诉 AI 哪些内容不需要，能避免生成不合适的部分。

用例子引导 AI

⊗ 普通提示："写一首关于秋天的诗。"

⊘ 优化后："写一首关于秋天的诗，要求参考这个格式：

第一句写颜色（比如金黄色）；

第二句写声音（比如踩落叶的沙沙声）；

第三句写气味（比如糖炒栗子的香味）。"

为什么？

提供例子或模板，AI 会更懂你的风格要求。

调整语气和难度

如果你觉得 AI 的回答太难，可以补充。

⊘ "请用小学三年级学生能理解的词语。"

⊘ "把这段话改得更口语化，像朋友聊天一样。"

限制长度

⊘ "用 3 句话总结《西游记》中孙悟空的特点。"

⊘ "写一段 100 字左右的自我介绍，包含爱好和梦想。"

复杂任务分步问

- ⊗ "写一篇包含人物、景色、悬念的 800 字小说。"
- ⊘ "设计一个 10 岁主角的外貌和性格特点。"
- ⊘ "描述一个神秘森林的场景，包含 3 种感官描写。"
- ⊘ "给故事加一个意外转折，比如主角发现……"

多试几次

如果第一次生成的内容不满意，可以：

换个说法重新提问（比如"换个更搞笑的故事结局"）。

补充细节（比如"加入一个会说话的小动物配角"）。

记住：AI 就像聪明的助手，你"说"得越清楚，它"做"得越好！写完记得自己再检查一下，看看有没有需要修改的地方哦。

AI 文字的利与弊

AI 生成文章在近年来快速发展，其应用场景覆盖新闻、教育、营销等多个领域。然而，AI 生成文章是一个工具，正确使用可以带来便利，但仍需注意其局限性，这就要求写作者合理结合、监督和编辑。

AI 写作的优势

效率革命

快速产出：AI 可在数秒内生成千字内容，尤其适用于紧急稿件（如突发新闻快讯）或批量内容需求（如电商产品描述）。

成本降低：企业无须长期雇佣专业写手，单次生成成本可降至传统模式的 1/10 以下。

多语言支持与风格适配

如 DeepSeek-R1 等模型可无缝切换中、英、日等 20 余种语言，并能模仿学术论文、社交媒体短文等不同文体风格。

数据整合能力

AI 可快速分析海量数据（如财报、舆情），生成结构化报告。2024 年彭博社测试显示，AI 撰写金融简报的准确率高达 92%，远超人类平均 75% 的效率。

突破创作瓶颈

提供灵感框架，辅助作家完成初稿或填充技术文档的标准化内容（如 API 说明）。

AI 写作的弊端

内容可信度风险

事实性错误：2023 年研究显示，AI 生成科技类文章的错误率为 12% ~ 15%，尤其在时效性强的领域（如医学进展）易出现数据滞后。

虚假信息扩散：恶意使用者可批量生成误导性内容，MIT 实验表明 AI 伪造"专家观点"的欺骗成功率高达 67%。

创意与深度局限

内容质量限制：AI 写作在理解复杂隐喻、捕捉细腻情感等方面仍面临挑战，创作高质量文学作品的能力相对有限。

同质化倾向：AI 依赖既有语料库，导致生成内容易出现重复观点。文学类文本的情感细腻度仅为人类作家的 30%（斯坦福大学 2024 年评估）。

逻辑断层：在需要跨领域知识关联的场景（如分析地缘政治对芯片产业的影响），AI 易出现因果误判。

伦理与法律争议

版权困境：AI 生成的内容归属权尚处于法律灰色地带，原创性问题引发争议。美国版权局 2025 年新规明确，纯 AI 生成内容不享有著作权，但人机协作作品的界定仍存争议。

学术不端：全球 TOP 100 高校中已有 89 所将"未声明的 AI 代写"纳入学术舞弊范畴。

社会影响

职业替代：AI 写作技术的发展对就业市场产生了深远影响，可能会取代一些重复性较高的写作工作。英国牛津大学路透新闻研究院预测，至 2026 年基础文案岗位需求将减少 40%，但高阶编辑岗位需求预期增长 18%。

实战项目：用 AI 助手写一篇文章

在人工智能技术日益普及的今天，用 AI 助手辅助写作已成为提升效率的有效方式。下面就让我们来试一试吧，让我们以《电影〈哪吒 2〉席卷票房市场说明了什么》为题目生成一篇公众号文字，来看看 AI 在生成文字时是如何工作的，最后的效果又是怎样的。

让我们打开最近大火的 AI 服务工具 DeepSeek，进入官网，看到如下界面，无须登录，点击"开始对话"。

当然，DeepSeek 也有手机 App，直接下载打开，无须付费，进入就会见到如下界面。

进入"开始对话"后，会出现如下页面。这就是我们与 AI 创作的"第一面"了。

一开始这两个是灰色的，要点开

　　手机端也是同样的，"深度思考（R1）""联网搜索"也是灰色的，需要点击一下变成蓝色。

　　当点开"深度思考（R1）""联网搜索"，就会成为如下样子，这时再在对话框中输入我们想要对 DeepSeek 提问的事情："以《电影〈哪吒 2〉席卷票房市场说明了什么》为题目生成一篇公众号文章。"

　　手机端则是这样的。

点击蓝色箭头，等待 AI 回答。

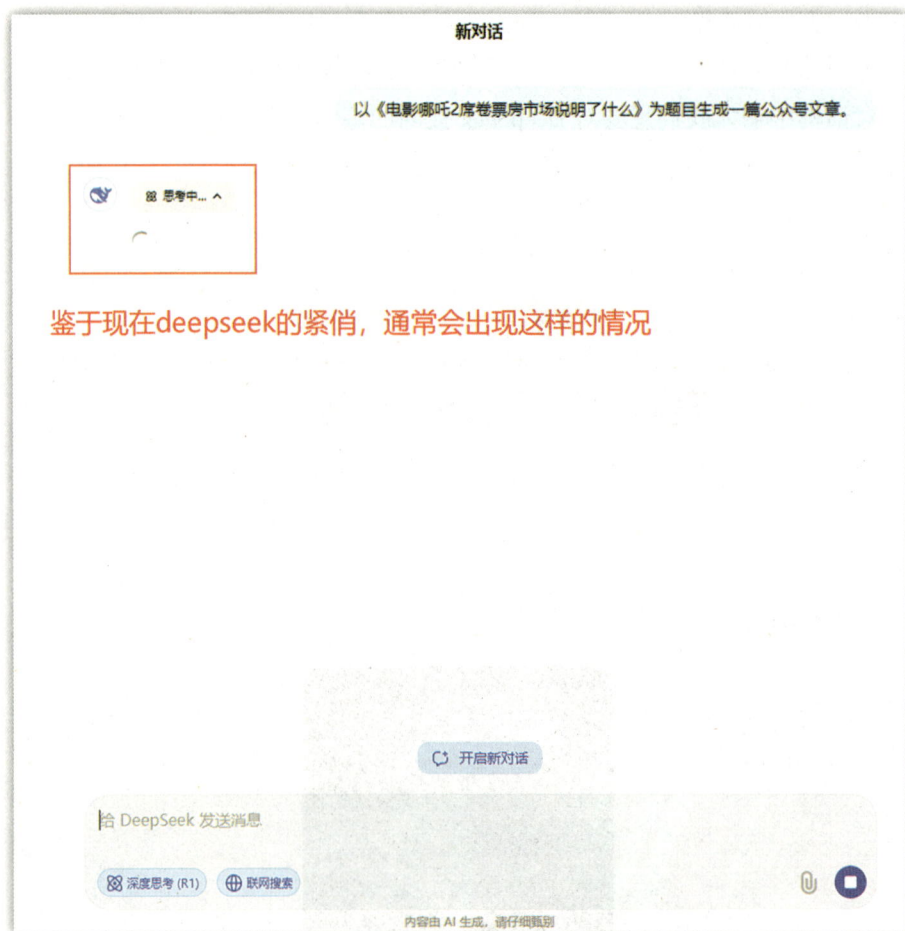

新对话

以《电影哪吒2席卷票房市场说明了什么》为题目生成一篇公众号文章。

🐋   思考中... ∧

鉴于现在deepseek的紧俏，通常会出现这样的情况

↻ 开启新对话

给 DeepSeek 发送消息

🎱 深度思考 (R1)   ⊕ 联网搜索   📎 ⏹

内容由 AI 生成，请仔细甄别

然后就会发生。

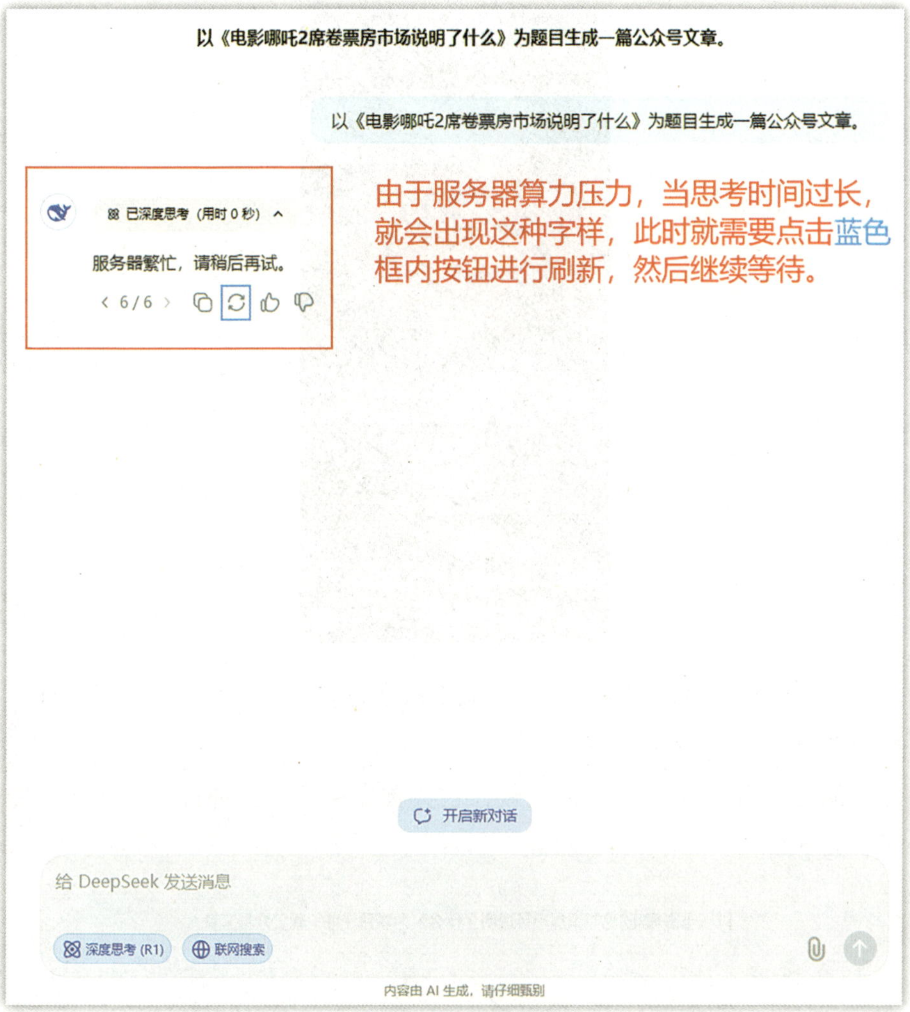

以《电影哪吒2席卷票房市场说明了什么》为题目生成一篇公众号文章。

以《电影哪吒2席卷票房市场说明了什么》为题目生成一篇公众号文章。

⊠ 已深度思考（用时 0 秒）∧

服务器繁忙，请稍后再试。

‹ 6/6 ›

由于服务器算力压力，当思考时间过长，就会出现这种字样，此时就需要点击蓝色框内按钮进行刷新，然后继续等待。

↻ 开启新对话

给 DeepSeek 发送消息

⊠ 深度思考 (R1)　⊕ 联网搜索

内容由 AI 生成，请仔细甄别

手机端则这样显示。

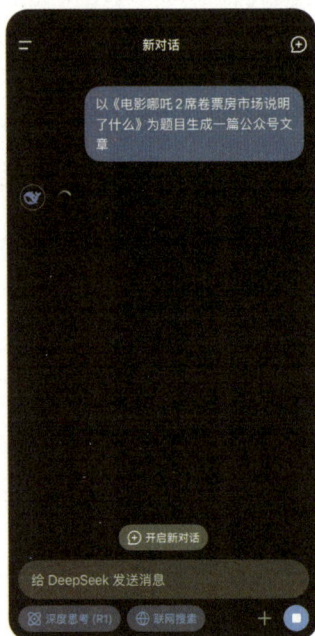

需要注意的是，如果短时间内刷新次数过多，会被判定为恶意，有可能会被暂停服务 1 小时……

最后，当 AI 成功生成的时候，它会首先展示自己进行"思考"的过程，如下图。

以《电影哪吒2席卷票房市场说明了什么》为题目生成一篇公众号文章。

嗯，用户让我写一篇关于《哪吒2》票房成功的公众号文章，题目是"电影哪吒2席卷票房市场说明了什么"。首先，我需要从提供的搜索结果里整理出关键点，分析这部电影为什么这么成功，然后归纳出背后的原因和启示。

首先，看看各个网页的内容。网页1提到郑州有影院开设2000人厅放映《哪吒2》，说明市场需求大，影院为了满足观众甚至改造场地，这显示了影片的火爆程度 1 。网页2和网页7都提到《哪吒2》成为文化现象，不仅国内票房高，还在海外上映，这可能说明中国动画电影的国际化进展 2 8 9 。网页3和网页6详细分析了影片的成功因素，比如硬核质量、创新技术和情感共鸣，这些是内容上的优势 4 7 。网页4和网页10提到光线传媒的股价上涨，市值突破，说明影片对公司的财务影响，以及行业内的策略差异，比如光线多元化 vs 博纳的单一策略 5 13 。

接下来要确定文章的结构。通常公众号文章需要吸引人的开头，分点论述，最后总结。用户给的题目是"说明了什么"，所以每个论点应该围绕背后的原因和启示展开。

可能的论点包括：1. 高质量制作和技术创新；2. 情感共鸣和全龄化策略；3. 行业影响与市场策略；4. 文化输出与国际认可。每个论点需要结合搜索结果中的具体数据，比如票房数字、制作成本、特效镜头数量，还有影院排片情况等。

比如，高质量制作部分可以引用网页3提到的特效镜头超过1900个，制作耗时五年，以及分镜设计的例子 **4** 。情感共鸣方面，可以提到家庭主题和观众的社会情绪，如网页7中提到的"断亲潮"背景下影片的治愈作用 **8** 。行业影响部分，可以对比光线传媒和博纳影业的不同策略，说明多元化的重要性 **13** 。国际方面，引用网页8的海外上映情况和IMDB评分 **9** 。

还要注意引用不同网页的信息，避免重复引用同一个来源。比如，网页7提到排片率飙升到47.5%，以及县城影院临时改造的情况，这可以说明市场反应和排片策略的变化 **8** 。而网页10则对比了光线和博纳的不同命运，强调多元化策略的成功 **13** 。

需要注意时间线，今天是2025年2月12日，网页4提到当天票房预测达到151亿，股价涨停，这些最新数据可以放在行业影响部分，显示实时动态 **5** 。

最后，总结部分要提升到整个中国电影产业的层面，指出《哪吒2》的成功不仅是单片胜利，更是工业化进步和文化自信的体现，呼应网页2和网页3的观点 **2** **4** 。

检查是否有遗漏的关键点，比如《哪吒2》打破的票房纪录，全球排名，这些数据分布在网页2、4、5、7、8中，需要整

给 DeepSeek 发送消息

⊗ 深度思考 (R1)　⊕ 联网搜索

内容由 AI 生成，请仔细甄别

最后，AI 就生成了这样一篇文章。

电影《哪吒 2》席卷票房市场说明了什么

——从现象级爆款看中国电影产业的突围与启示

2025 年春节档，一部国产动画电影《哪吒之魔童闹海》（以下简称《哪吒 2》）以摧枯拉朽之势席卷票房市场：上映 9 天登顶中国影史票房榜，单日票房峰值超 4 亿元，截至 2 月 12 日总票房已突破 92 亿元，预测总票房更被调高至 160 亿元，成为全球动画电影票房 TOP5 的"非好莱坞选手"。这场票房狂欢的背后，不仅是一部电影的胜利，更折射出中国电影产业的深刻变革与未来方向。

一、硬核质量与技术革新：国产动画的工业化里程碑

《哪吒 2》的成功，首先印证了"内容为王"的永恒定律。

特效与制作的极致追求：影片耗时 5 年制作，投入超 5 亿元成本，仅特效镜头就达 1900 个，远超前作全片镜头总量。例如，哪吒被"穿心咒"撕裂成 600 余碎片的 10 秒镜头，耗费团队 1 年时间打磨；洪流对战的场景更是首创"海浪翻涌"式特效，成为技术突破的象征。

叙事与文化的平衡：影片以"水"为核心元素，融合中国传统水墨画风与 3D 技术，将封神宇宙的宏大叙事与家庭、抗争等普世主题结合。台词如"若前方无路，我便踏出一条路"既传递东方哲学，又引发当代观众的情感共振。

这种精益求精的工匠精神，标志着国产动画从"手工作坊"迈向工业化生产的质变。正如导演饺子所言："每一部作品都要当成最后一部去创作。"

二、情感共鸣与社会情绪：全龄化电影的胜利

《哪吒 2》的票房奇迹，本质上是一场全民情绪的总爆发。

家庭叙事的治愈力：在"断亲潮""原生家庭创伤"等社会议题蔓延的当下，影片通过哪吒与母亲的拥抱、敖丙与龙王的和解等情节，为观众提供了温和的情感出口。数据显示，3 人以上结伴观影比例达 33%，远超行业均值。

"逆天改命"的集体共鸣：影片中"不认命"的抗争精神，精准击中了当代年轻人对阶层固化、规则束缚的不满。观众不仅为特效买单，更在角色身上投射了"改写命运"的渴望。

这种全龄化、高共情的表达，让《哪吒 2》成为春节档"合家欢"刚需的最佳载体，甚至推动多地影院临时改造大会堂、增设"无座票"以满足需求。

三、市场分化与行业启示：从"赌爆款"到"生态布局"

《哪吒 2》的火爆，也暴露了电影市场的两极分化。

赢者通吃的票房虹吸：春节档后期，《哪吒 2》以 35% 的排片贡献超 50% 的票房，而同期其他影片如《蛟龙行动》票房占比仅 2.8%。这种"强者愈强"的格局，倒逼行业反思"大制作 + 单一类型"的投机风险。

光线传媒的多元化战略：作为出品方的光线传媒，凭借《哪吒》《姜子牙》等构建的"神话宇宙"，实现了 IP 的长期价值。其股价在《哪吒 2》上映后涨幅超 110%，市值突破 700 亿元，与依赖主旋律的博纳影业形成鲜明对比。

市场的选择证明，只有多元题材、稳健投资与持续创新，才能抵御行业周期性波动。

四、文化输出与全球野心：中国故事的破圈之路

《哪吒 2》不仅是国内市场的"救市之作"，更开启了中国动画的全球化征程。

海外市场的突破：影片定档北美、日韩等 20 余个国家和地区，IMDB 未映先获 8.1 分，纽约、洛杉矶影院甚至增设午夜场。这是首部进入全球动画票房前十的非好莱坞作品，标志着中国文化 IP 的国际认可。

从"借船出海"到"造船出海"：不同于以往依赖合拍或流量明星的模式，《哪吒 2》以纯国产团队、本土神话内核征服市场，为"中国故事"的全球传播提供了新范式。

结语：狂欢之后，中国电影需要更多"哪吒"。

《哪吒 2》的成功绝非偶然。它证明了：

1. 观众愿意为高质量内容买单，技术突破与情感共鸣缺一不可；

2. 电影产业需构建健康生态，拒绝"赚快钱"的投机心态；

3. 文化自信需要硬实力支撑，中国 IP 有能力与世界对话。

然而，春节档的狂欢不能掩盖行业的隐忧——档期后中小成本影片的乏力、市场供给的断层，仍需全产业链的协同努力。正如影片中的台词："若天理不容，我便逆转这乾坤。"《哪吒2》的逆袭，或许正是中国电影扭转颓势、迈向新生的起点。

如何？是不是还挺像模像样的？

然而，对于 DeepSeek 来说，生成一篇文章，只不过是它作为 AI 文字处理工具的基本盘。而它最与众不同，使它能够在众多 AI 服务中脱颖而出，风光无两乃至成为现在震动行业的存在，除了它使用了更小的能耗获得了与国外头部服务商 ChatGPT 的同样效果外，更是因为上面图中提到的蓝色按钮——"深度思考（R1）"。这份"思考"，让 DeepSeek 成为首个可以进行"推理"的 AI 工具，而"推理"能力，则是 AI 技术前进一大步的体现。

就像上面图中那段文字，以往的 AI 生成文字，是通过搜索整合，将网络中的文字进行拼凑。而当 AI 有了"推理"能力，它将试图从多个角度，无论是用户，还是问题本身，进行"思考"，试图得出一个更贴近用户问题的答案。而当我们使用更为精细、准确的提示词时，DeepSeek 的"推理"能力才会得到最大化的体现。

或许有一日，AI 将成为我们真实的"笔友"，在拟真的"信件往复"中，无尽地探讨、沟通那些我们作为碳基生物无法解决或者难以理解的事物，成为另一个维度的"外星人"。

第二章

AI 图像处理：从照片修复到无中生有

AI 最开始学会像人一样写文章，后来技术升级，又能像画家一样根据文字生成图片。

	AI 写文章	AI 画图
功能	根据关键词生成文字（比如故事、报告）	根据文字描述生成图片（比如风景、人物）
例子	输入"夏天的海滩"，输出一篇作文	输入"夏天的海滩"，输出一张海边的图片
难度	需要理解语文逻辑	需要理解文字＋学会画画技巧

而这样的转变，也是经过了大量的训练得以完成。

文字阶段：AI 先通过阅读大量书籍、文章，学会了语法和写作套路（比如开头怎么写，故事怎么编）。缺点：容易写重复的内容，或者编造错误信息（比如"老虎生活在南极"）。

图片阶段：科学家给 AI 看了数百万张带文字说明的图片（比如"猫的照片"配一张猫图片），让它学习文字和图像的关联。

核心技术：AI 内部有两个"小机器人"合作——一个负责画图，另一个负责挑毛病，直到画出符合要求的图片。

常见的 AI 图像处理技术

在社会生活中，除了我们日常用到的如手机修图这样的 App，仍然有大量的 AI 图像处理技术在各个领域发光发热。

图像分类技术

技术原理：通过深度卷积神经网络（CNN）自动提取图像特征并归类，输入图像经多层卷积和池化操作后，全连接层输出类别概率分布。

应用场景：医学影像诊断（如 X 线片病理识别）、工业质检（零件缺陷自动分类）、电商平台商品自动打标等。

目标检测技术

技术原理：在定位目标位置（Bounding Box）的同时识别类别，常用两阶段（区域提议 + 分类）或单阶段（端到端）架构。

应用场景：自动驾驶（行人 / 车辆实时检测）、安防监控（异常行为识别）、无人机巡检（电力设施缺陷定位）等。

图像分割技术

技术原理：像素级分类，分为语义分割（同类物体统一标记）和实例分割（区分不同个体）。

应用场景：医疗影像分析（肿瘤区域精确勾勒）、遥感图像解译（地表覆盖类型划分）、虚拟背景替换（视频会议实时抠图）等。

图像生成技术

技术原理：生成对抗网络（GAN）通过生成器与判别器的对抗训练合成逼真图像。

应用场景：游戏场景自动生成（地形 / 建筑合成）、虚拟试衣（材质 / 版型可视化）、数据增强（生成罕见病例影像）等。

……

图像修复和增强的 AI 魔法

AI 图像修复技术

AI 图像修复技术就像一位智能画师，能自动修补破损照片、清除水印，甚至还原模糊画面。

工作原理

第一步：识别破损 AI 会像扫描仪一样检测照片的缺失部分（如划痕、撕裂区域）。例如，当你上传一张破损的老照片，AI 会用彩色标记出需要修复的位置。

第二步：推理补全 AI 通过分析周围完好的纹理和结构，像拼图高手一样推测缺失内容。比如修复旧照片中的脸部缺失时，AI 会参考另一侧完整的眼睛形状和头发走向。

第三步：细节优化 AI 用"数字画笔"调整补全区域的色彩和光影，使其与周围自然融合。例如修复古画时，AI 会模仿原画的笔触风格，避免出现现代感过强的修补痕迹。

传统方法	AI 修复
手工用 PS 修补，耗时数小时	自动完成，最快仅需数秒
依赖修复师经验，易出现色彩断层	学习百万张照片规律，过渡更自然
无法处理大面积缺失 （如半张脸消失）	可生成合理内容 （如根据侧脸生成正脸）

⚠️ 过度脑补：若破损区域线索过少，AI 可能生成不合理内容（如给古人加上墨镜）。

⚠️ 伦理争议：修复历史照片时，可能无意中改变历史细节（如军装徽章样式）。

AI 图像增强技术

AI 图像质量增强则像给照片戴上了一副"智能眼镜"，能自动调整模糊、噪点、色彩等问题，让图片变得更清晰鲜艳。

核心原理

第一步：识别问题区域。

AI 会像扫描仪一样检测照片的模糊、暗部或色差区域。比如处理夜景照片时，AI 会用不同颜色标记过暗的天空和过亮的霓虹灯。

第二步：智能调整参数。

通过分析数百万张优质照片，AI 学会自动调节：亮度：像手机屏幕自动调光，让过曝的窗户细节显现。锐度：给模糊的树叶边缘"描边"，类似用 PS 锐化工具。色彩：自动校正发黄的旧照片，还原真实颜色。

第三步：细节重建。

对严重模糊的区域，AI 会参考相似图片"脑补"细节。例如：低清车牌→根据字体库生成清晰文字；雾霾风景→参照晴天照片重建蓝天白云。

场景	传统方法	AI 增强效果
手机拍照	手动调色半小时	一键优化仅需 0.5 秒
医疗 CT	看不清 1mm 结节	分辨率提升 3 倍，准确率↑40%
老电影修复	人工逐帧修复	自然修复划痕＋补全缺失帧

⚠ 过度增强可能导致图像失真，就像美颜过度会变成"蛇精脸"。

风格变化？ Naive！

AI 发展已经进入了突飞猛进的阶段，各家 AI 都在尝试着朝不同的方向出击以求突破。因此如今的 AI 技术已经不再局限于基于旧有图片进行合成、复原或者增强。

在最新的技术中，图片处理型 AI 已经发展到可以生成海报，甚至一键换衣。

AI 海报生成

使用 AI 生成海报的方式多种多样，也是一个有趣且富有创意的过程。

选择适合的 AI 工具

Canva 可画

优点：内置 AI 设计功能，模板丰富，支持中文。

即梦（AI 绘画工具）

优点：中文使用，简便高效，功能丰富。

制作海报的步骤

确定主题与关键词。

示例：假设制作"环保主题"海报，关键词可以是"地球、绿树、蓝天、太阳能板、循环标志"。

小技巧：用形容词细化描述，如"卡通风格的地球"或"未来感的太阳能板"。

使用 AI 生成图片

在"Canva 可画"中操作。

注册并登录"Canva 可画"。

搜索"海报模板"或点击"AI 生成图片"功能。

输入关键词（如"绿色地球"），选择喜欢的图片插入模板。

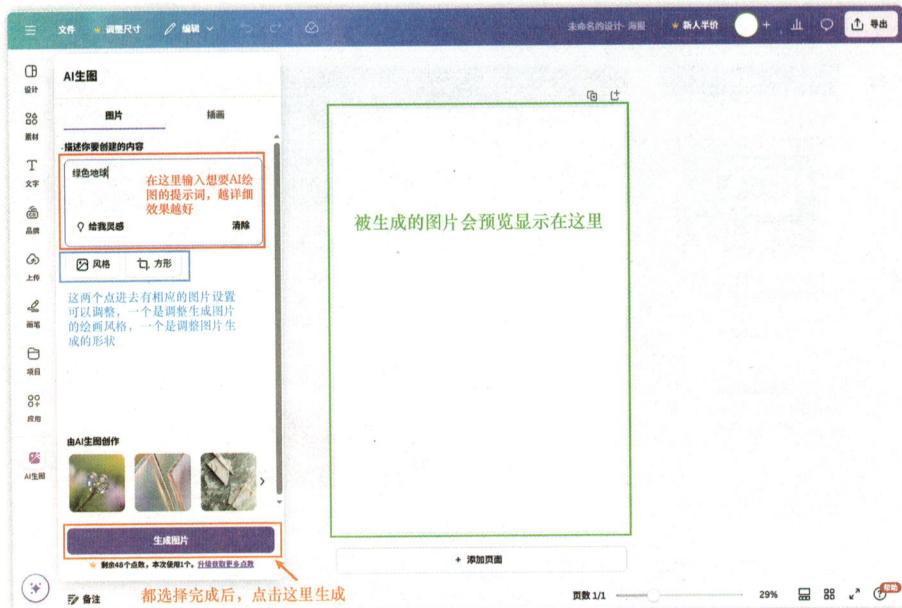

在这里输入想要AI绘图的提示词，越详细效果越好

被生成的图片会预览显示在这里

这两个点进去有相应的图片设置可以调整，一个是调整生成图片的绘画风格，一个是调整图片生成的形状

都选择完成后，点击这里生成

等待一会儿。

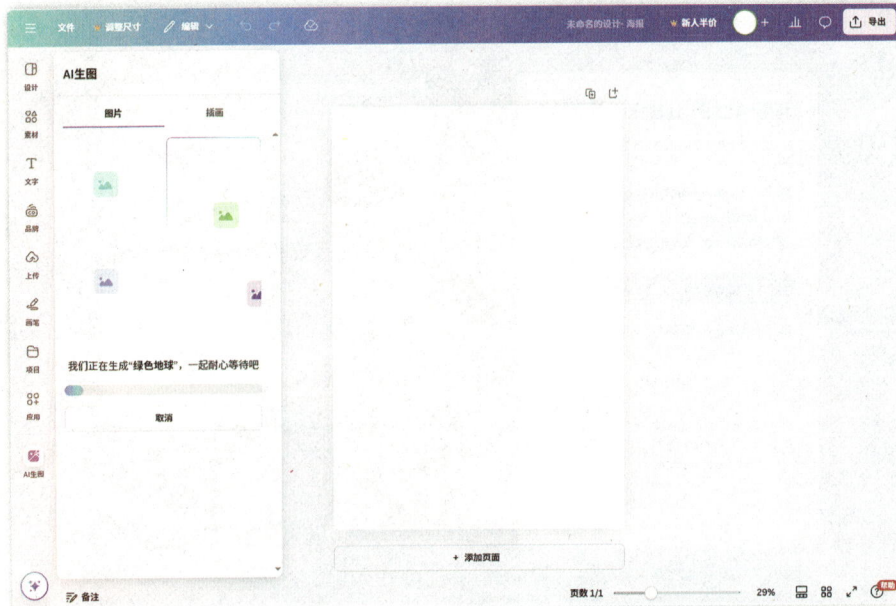

我们正在生成"绿色地球"，一起耐心等待吧

等待完成后，生成结果如下图。

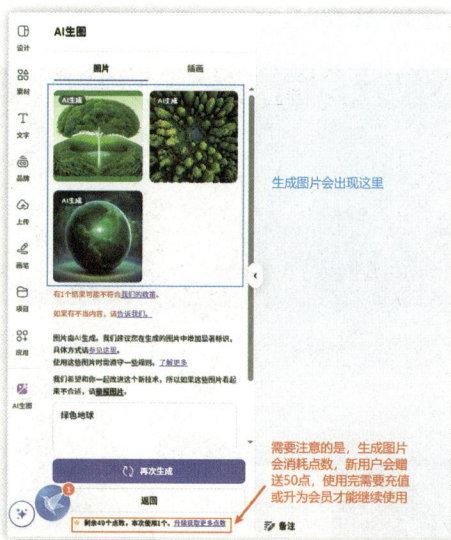

当然，如果觉得 AI 直接生成有些简陋，那也可以在海报模板中输入提示词，从已有的库中选择自己喜欢的模板进行创作。

在"即梦"中操作。

登录"即梦",选择 AI 作图。

进入 AI 作图页面。

在提示词框中输入提示词，在生图模型中选择图片 2.1 模型。

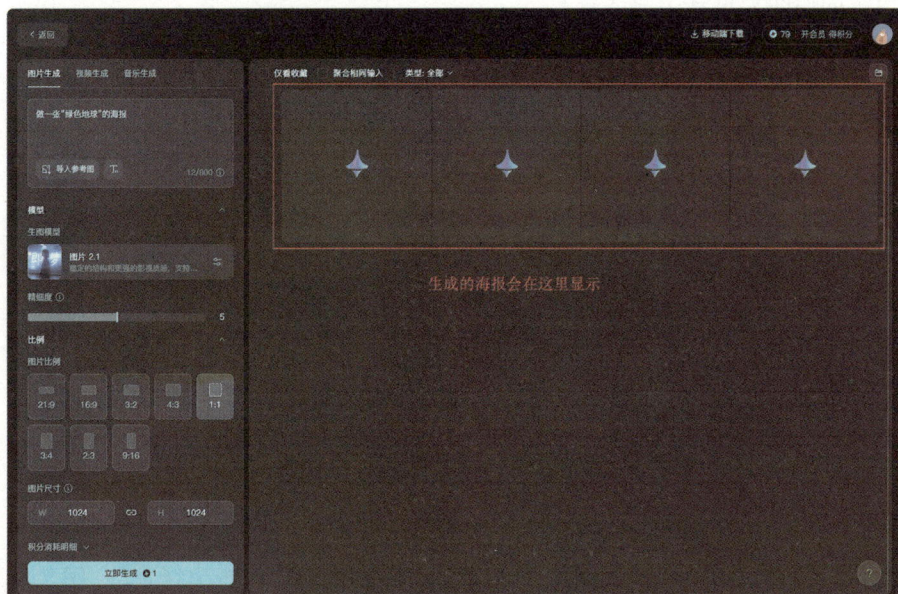

等待一阵，图片就可生成。

生成后选择满意的图片下载。如果都不满意，那就可以进行更细致的提示词说明，重新生成或修改。

设计排版与添加文字

"Canva 可画"排版技巧：

拖拽图片到模板中，调整大小和位置。

单击选择好的生成图片，图片就会出现在右侧的画布中。

鼠标右键单击右侧画布中的图片，选择"将图片设置为背景"，图片就会填充整个画布，成为画布背景。

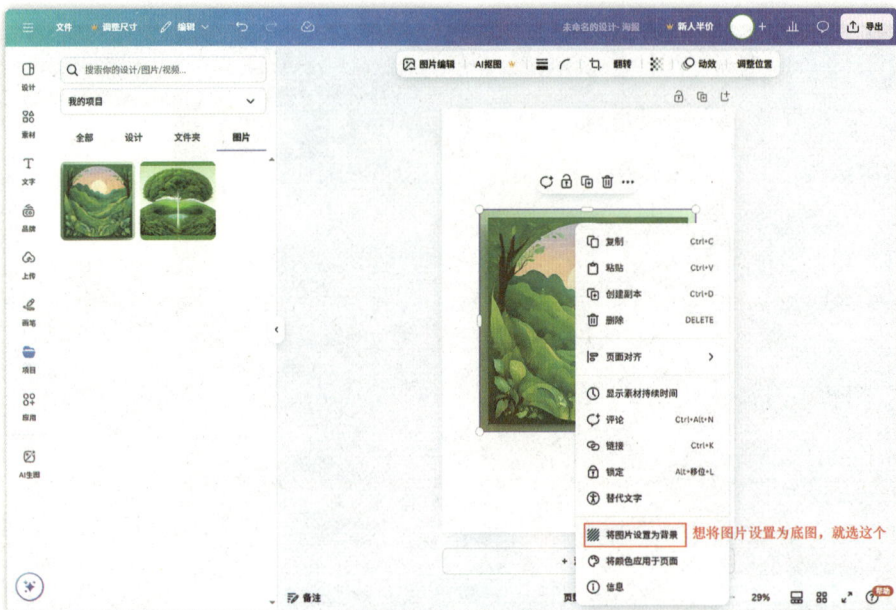

填充效果如下：

添加标题和文案：点击"文字"工具，输入"保护地球，从我做起！"。

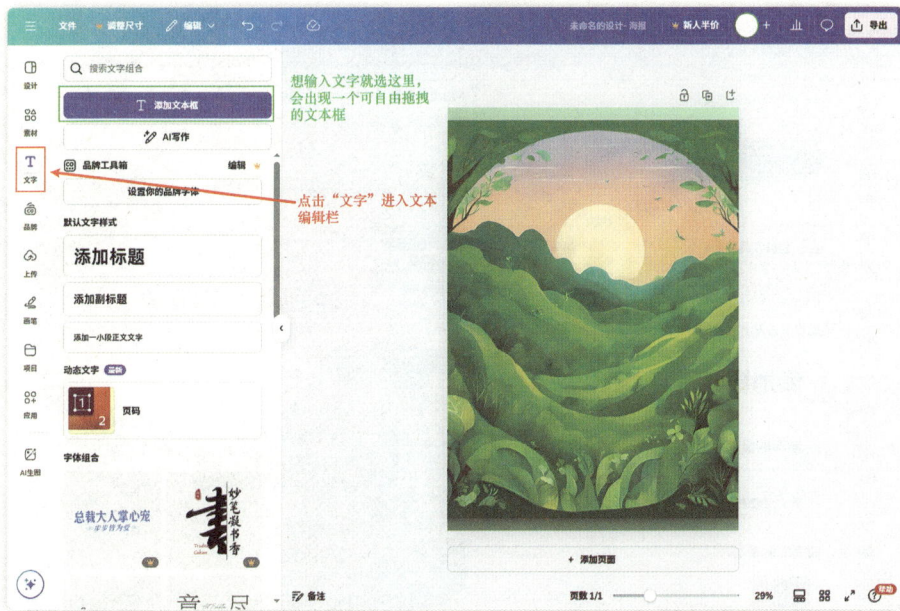

调整字体和颜色：选择醒目的字体（如"黑体"）和对比色（如绿色配白色）。

优化细节

调整配色：使用"Canva 可画"的调色板工具，选择"自然绿色系"让海报更协调。

添加图标：在素材库搜索"树叶""回收"等图标，增强主题表达。

点击图片便可以拖动图片位置。

导出与检查

点击"下载"按钮，选择 PNG 或 PDF 格式。

检查文字是否清晰，图片是否有模糊或变形。

AI 一键换衣

在 2024 年 12 月，国内 AI 服务商"可灵"上线更新了它的生图模型"可图"。除了常规更新，"可灵"还更新了一个新的功能——AI 模特 /AI 换衣，而这项更新，可能将成为一项革命性的功能。

点开"可灵"官网，进入到可图的"AI 试衣"界面。

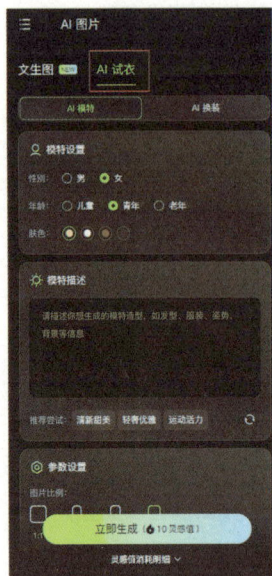

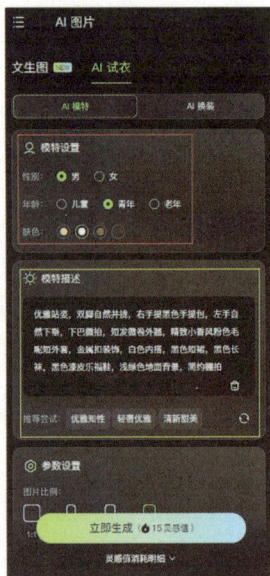

根据需求，自己来取用提示词捏 AI 模特，他会给你三个快捷的模特设置，分别是：性别、年龄、肤色。

鼠标移动到这张模特图上，就有一个"AI 换装"的选项。

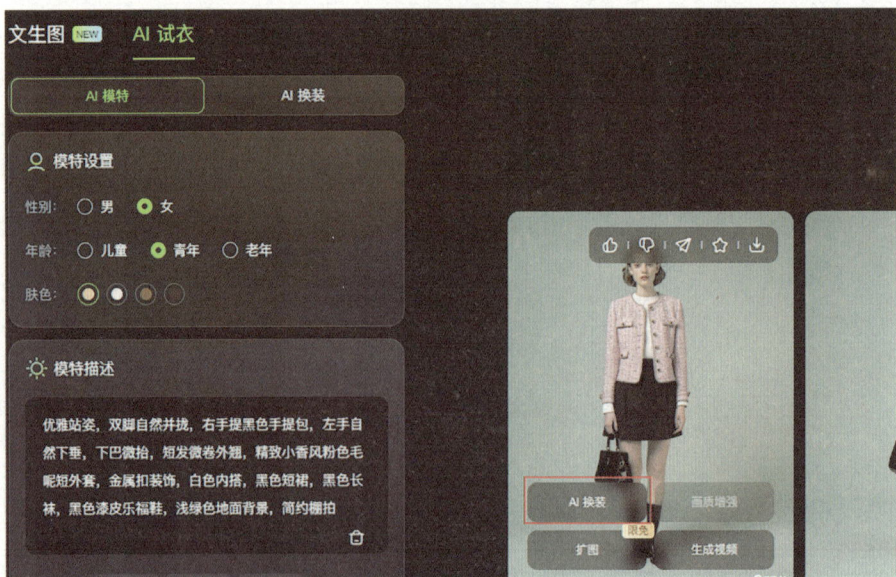

上传一套你想让模特穿上的衣服。

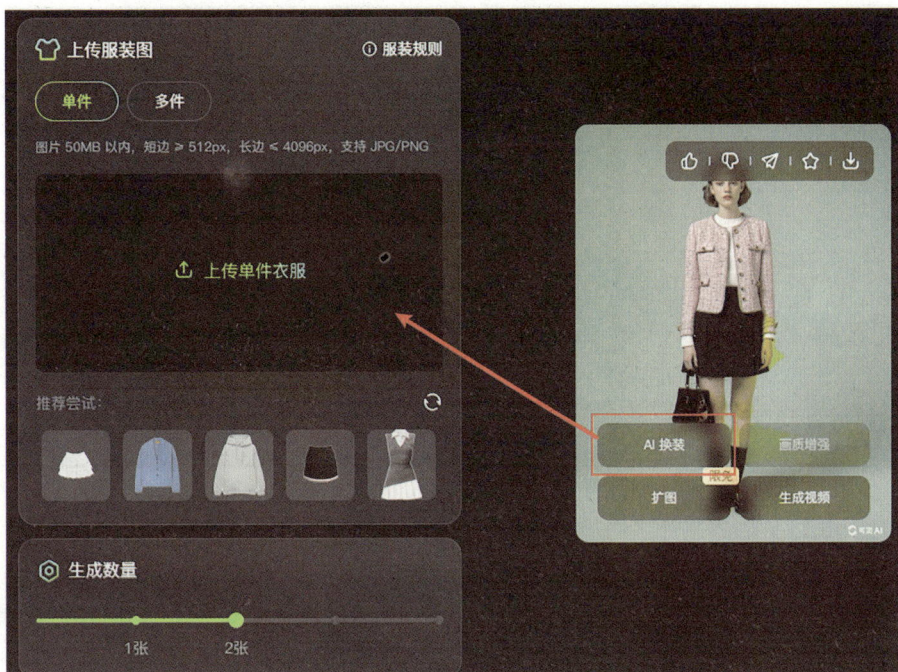

我们这里直接选择已经提供的模板服装样式。

然后点"生成"。

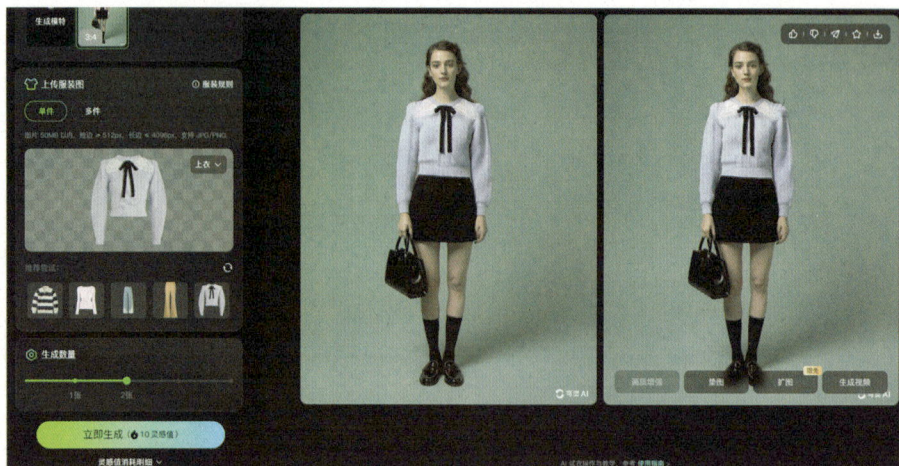

甚至还可以生成一段试装视频。

当 AI 生成图片技术已经可以与视频连通的时候，新的时代的确已经到来。

实战项目：利用"商汤秒画"生成多种效果图片

2022 年 8 月，"秒画"正式上线，凭借商汤科技深厚的技术底蕴以及在人工智能领域的影响力，刚推出便引起了众多绘画爱好者、创意工作者等群体的关注。

当点开"商汤秒画"官网，我们会看到如下页面，点击"开始创作"即可开启 AI 创作。

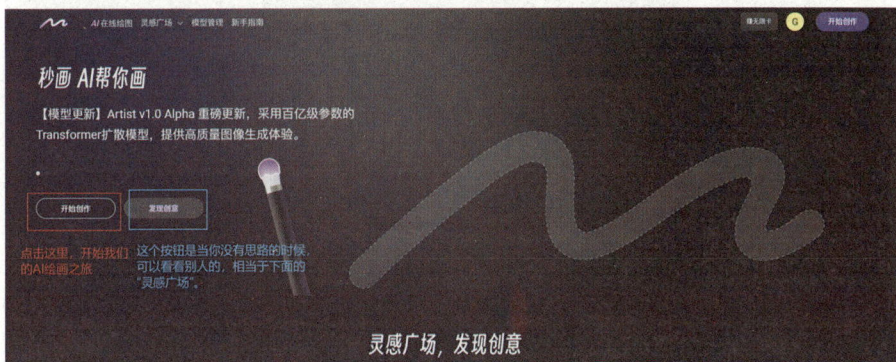

点击进去之后，就会出现如下页面。

是不是很复杂？不要慌张，先让我们来了解一下这个页面。

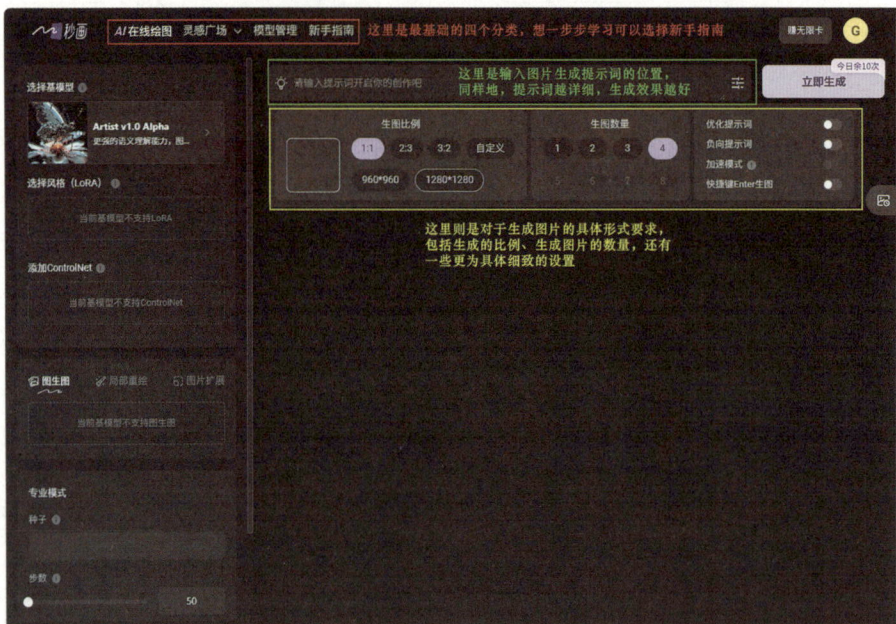

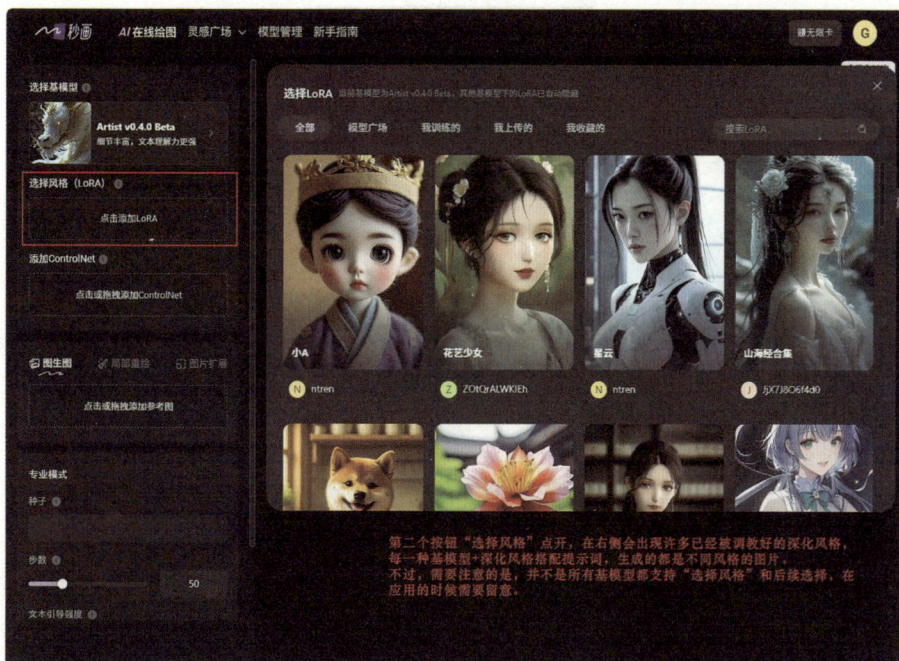

第二个按钮"选择风格"点开，在右侧会出现许多已经被调教好的深化风格，
每一种基模型+深化风格搭配提示词，生成的都是不同风格的图片。
不过，需要注意的是，并不是所有基模型都支持"选择风格"和后续选择，在
应用的时候需要留意。

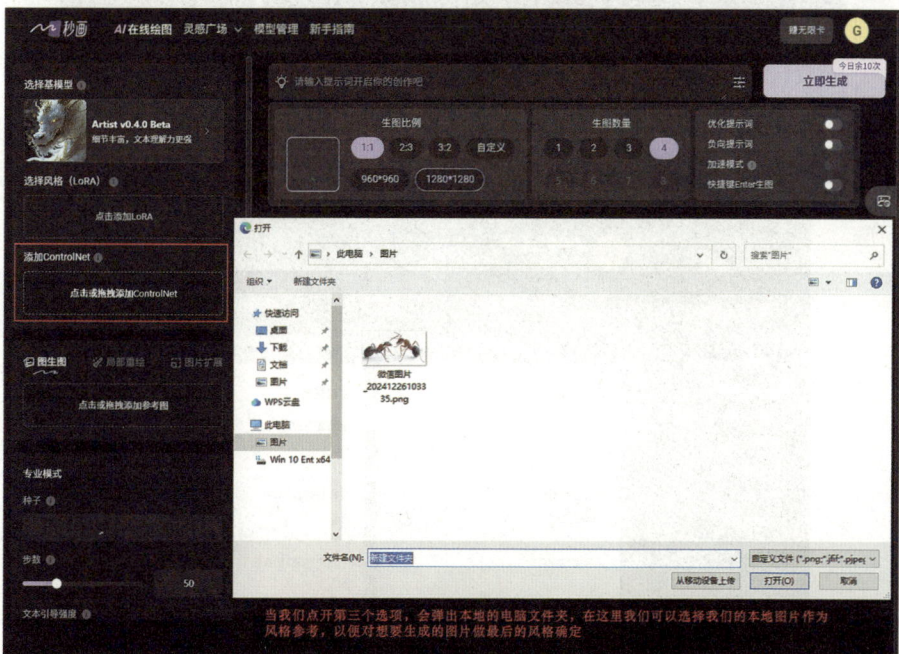

当我们点开第三个选项，会弹出本地的电脑文件夹，在这里我们可以选择我们的本地图片作为
风格参考，以便对想要生成的图片做最后的风格确定

选择基模型 ⓘ

Artist v0.4.0 Beta
细节丰富，文本理解力更强

通过直接提取画面的构图，人物的姿势和画面的深度信息等等，更可控地生成最终图像结果。目前秒画支持十余种CN处理方式和"重绘幅度"调整。

添加 ControlNet ⓘ

点击或拖拽添加 ControlNet

上面是对于"秒画"生成图片组件最基础的了解，还有一些细节按钮也让我们来认识一下。

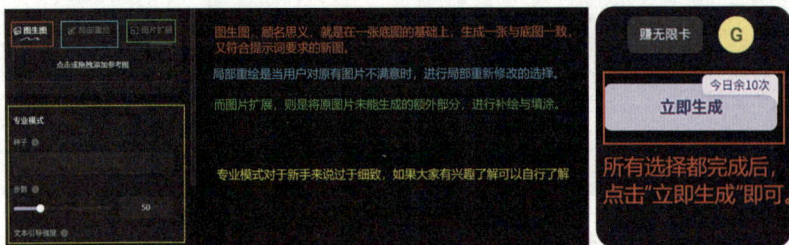

图生图，顾名思义，就是在一张底图的基础上，生成一张与底图一致，又符合提示词要求的新图。

局部重绘是当用户对原有图片不满意时，进行局部重新修改的选择。

而图片扩展，则是将原图片未能生成的额外部分，进行补full与填涂。

专业模式对于新手来说过于细致，如果大家有兴趣了解可以自行了解。

所有选择都完成后，点击"立即生成"即可。

需要注意的是，免费用户每天只有 10 次的生成机会，而"秒画"的非免费部分是通过"无限卡"形式来获得的。

"秒画"的无限卡获得途径有这些，用户可以自行选择。

　　下面，让我们以"生成一张《黑神话：悟空》风格的哪吒"为提示词，分别试一试"秒画"中不同选项的不同效果吧。

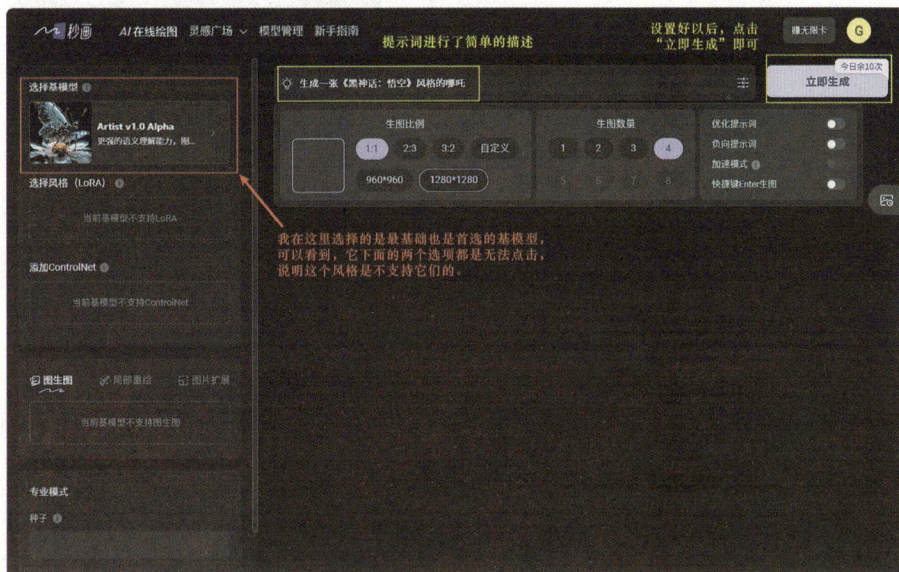

　　下面，让我们换一个基模型来试一试。

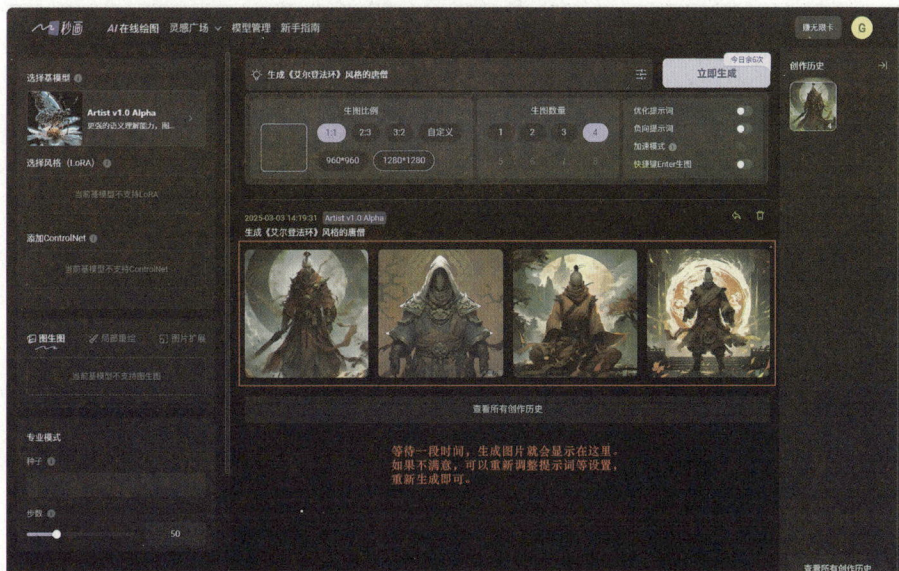

使用的模型

Artist v1.0 Alpha

提示词

生成《艾尔登法环》风格的唐僧

分辨率   步骤数

1280x1280   50

时间   种子

2025-03-03   2002814010

文本引导强度

8

点击图片，会弹出该图片的具体信息等内容，如果用户对生成图片不满意，还可以对图片进行二次编辑

这次等待的时间比较短，生成效果如下：

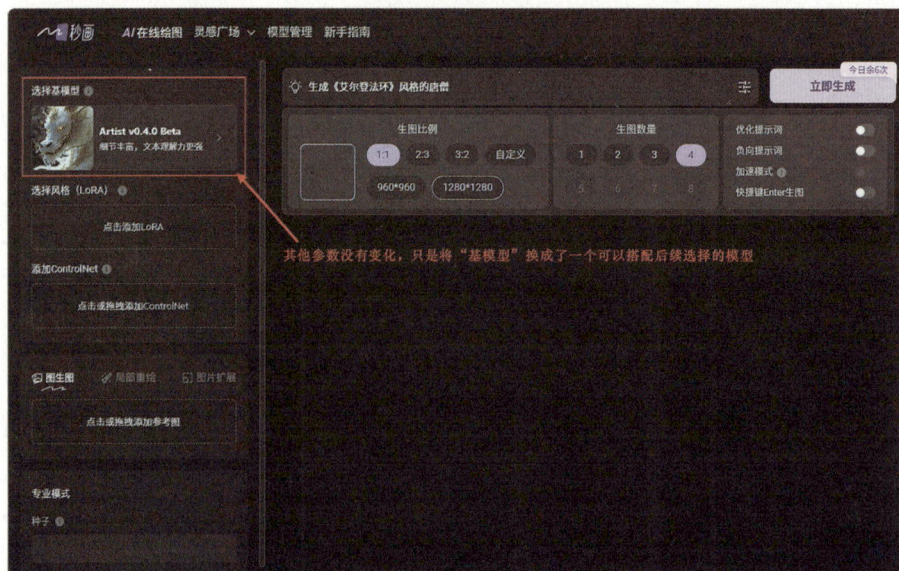

其他参数没有变化，只是将"基模型"换成了一个可以搭配后续选择的模型

可以看出，新的基模型生成图片与之前一个已经完全不同。让我再给它加一点料——"选择风格"，看看会生成什么样的图片。

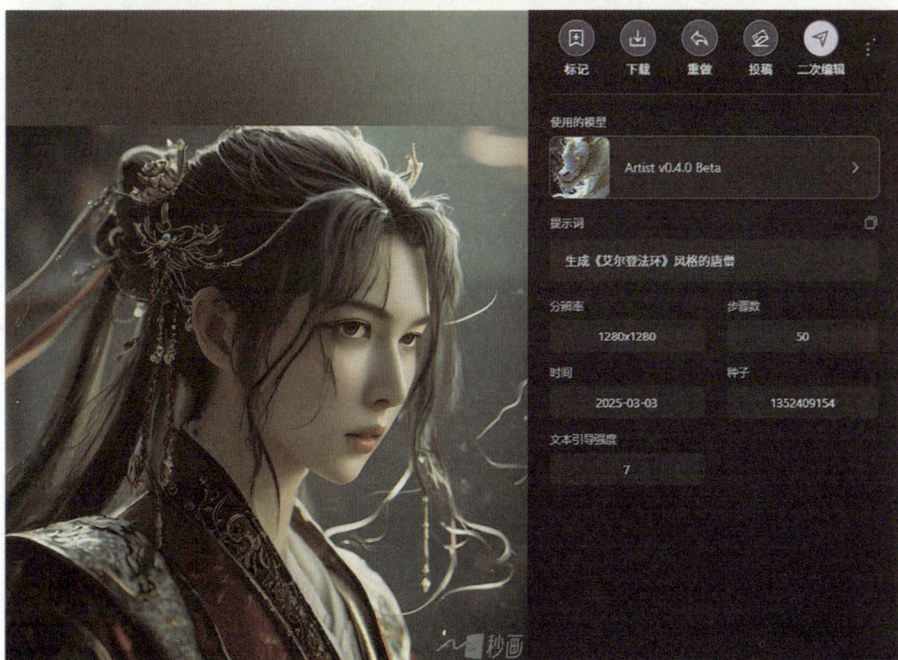

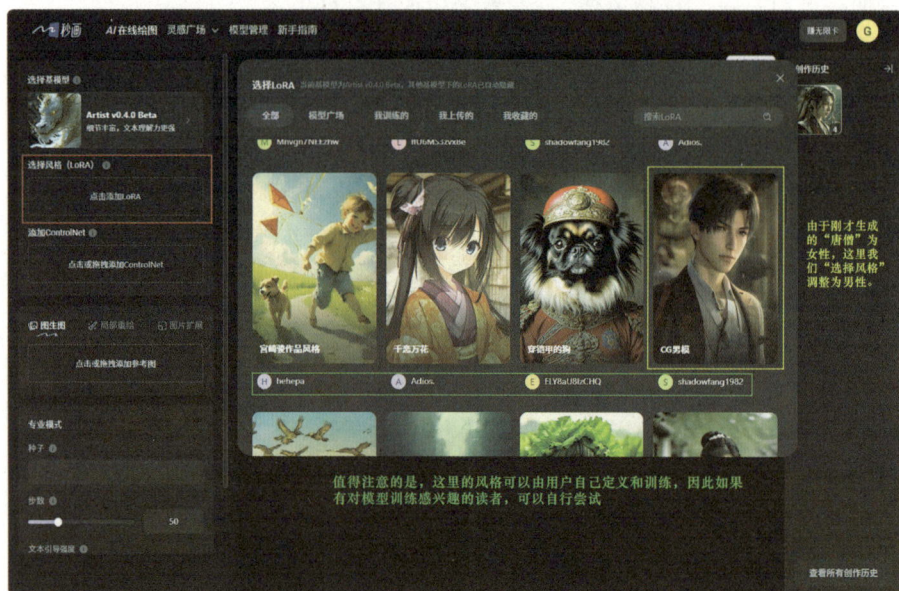

由于刚才生成的"唐僧"为女性，这里我们"选择风格"调整为男性。

值得注意的是，这里的风格可以由用户自己定义和训练，因此如果有对模型训练感兴趣的读者，可以自行尝试

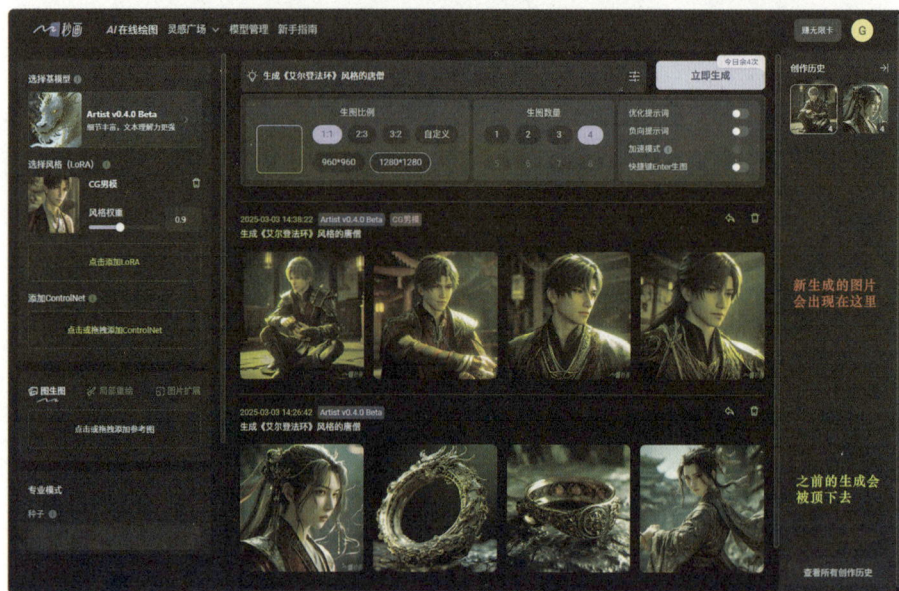

新生成的图片会出现在这里

之前的生成会被顶下去

通过以上试验，可以看到，选用不同的"基模型"搭配不同的"选择风格"，生成的图片会呈现出多种多样的结果。因此 AI 生成图片的能力是非常强大的，依旧有许多功能在等待用户去尝试，实现用户的创意。

第三章

AI 音频处理：语音识别与音乐创作

什么是 AI 声音处理？就是 AI 通过算法对声音进行分析、修改或生成，就像给声音"施魔法"一样！

常见的 AI 声音处理技术

语音识别（声音→文字）

用途：手机语音输入转文字；给视频自动加字幕。

工具示例：微信语音转文字、剪映 App。

语音合成（文字→声音）

用途：导航 App 的电子语音（如"前方右转"）；用 AI 生成有声书或视频配音。

工具示例：微软 Azure 语音合成、百度语音开放平台。

声音克隆与变声

用途：模仿名人声音唱歌（如让 AI "周杰伦"唱新歌）；游戏 / 视频中给角色配特殊音效（机器人、怪兽声）。

工具示例：Voicemod（变声软件）、Descript（克隆声音）。

降噪修复

用途：去除录音中的杂音；清理课堂录音中的咳嗽声；修复老唱片杂音。

工具示例：Adobe Podcast（免费在线降噪）、Audacity（开源软件）。

音乐生成

用途：AI 作曲（输入"欢快的钢琴曲"生成音乐）；自动分离歌曲中的人声和伴奏。

工具示例：Suno AI（作曲）、Moises（分离音轨）。

AI 语音生成（SVC）与语音合成技术（TTS）

SVC，是一种通过人工智能将某个人的音色转换为另一个人的技术，可以简单的理解成一个特定人物的声音变成器。它需要自己先录一段音频，然后把这个音频扔给 AI，AI 就会自动生成另一个人声音的音频了。通常应用于保留歌曲旋律但替换音色的技术，例如 B 站"AI 孙燕姿"翻唱周杰伦歌曲就是采用此技术。

而 TTS 则是一种将文字转换为语音的技术，其核心原理是通过深度学习模型模拟人类发声过程。例如华为小艺、苹果 Siri 的语音回复均依赖 TTS 技术。

对比维度	TTS	SVC
输入	文本（如"今天天气晴"）	音频（如周杰伦原唱《七里香》）
输出	合成语音（如天气预报播报）	音色替换后的音频（如孙燕姿版《七里香》）
核心技术	文本分析、声学模型、声码器	音色特征提取、频谱转换、伴奏融合
数据需求	需大量文本—语音配对数据（如 50 小时）	需目标音色干声音频（≥ 1 小时）
典型延迟	0.2 ～ 0.5 秒 / 句（实时交互）	1 ～ 5 分钟 / 首（需后期混音）
伦理风险	较少（生成虚构声音）	高（可能侵犯歌手音色版权）

在应用场景上，SVC 更多应用于音乐创作和教育娱乐，例如日本虚拟歌手"初音未来"使用 SVC 技术扩展音域，2024 年演唱会中 30% 的曲目为 AI 生成；B 站的"AI 翻唱"视频则通过 SVC 生成教学案例播放量超500 万。

▶ 1298.7万　4.2万　04:36
日文版《好想爱这个世界啊》翻唱「华晨宇」

▶ 1010.2万　2.7万　04:20
日语版《好想爱这个世界啊》翻唱【鹿乃】

▶ 794.4万　314　04:02
【ai翻唱】胡桃《当离别开出花》当离别开出花 伸出新长的枝桠 像冬...

而 TTS 技术主要应用于教育、导航和虚拟助手，例如微软 Edge 浏览器的"朗读"功能可将网页文字转语音，帮助视障学生获取知识；高德地图的语音导航通过 TTS 实时播报路线，2023 年用户使用量超 10 亿次；亚马逊 Alexa 每天处理超 50 亿条语音指令，其中 90% 依赖 TTS 生成回复。

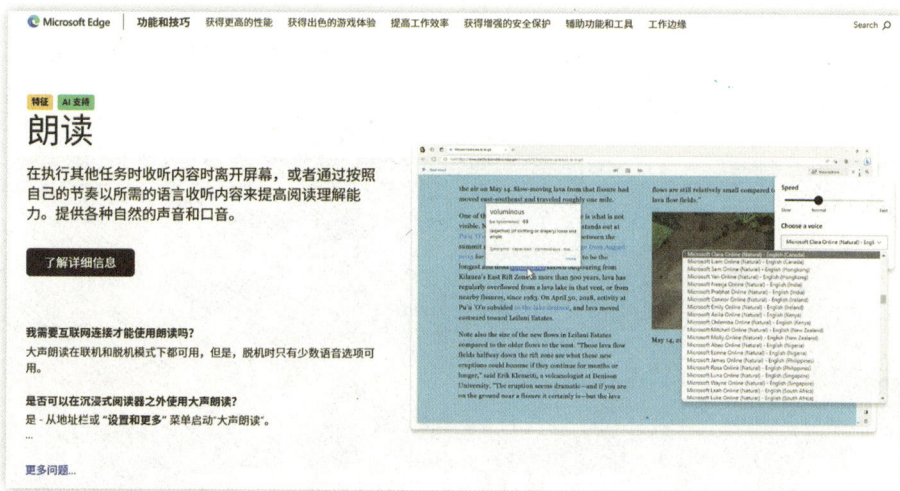

AI 辅助音乐创作

AI 就像一个音乐小助手，能帮你完成作曲、编曲、生成歌词，甚至模仿特定风格的音乐。

核心步骤

自动作曲：输入关键词（比如"欢快的电子舞曲"），AI 就能生成旋律、和弦和节奏。

歌词生成：告诉 AI 主题（比如"毕业季的友情"），它会帮你写出押韵的歌词，甚至自动分段（主歌、副歌等）。

风格模仿：如果你喜欢周杰伦的中国风，AI 可以学习他的音乐特点，生成类似风格的新歌。

　　配乐生成：为视频或游戏快速生成背景音乐，比如"紧张的战斗场景"或"轻松的游戏音效"。

　　下面，让我们以 AI 工具"网易天音"为例，创作一首属于我们自己的 AI 音乐。

　　这是"网易天音"的官网页面，UI 设计主要集中在四角，将中间的位置留给了最醒目的"开始创作"。

使用方法也非常简单，先点击中间的"开始创作"，会弹出如下页面：

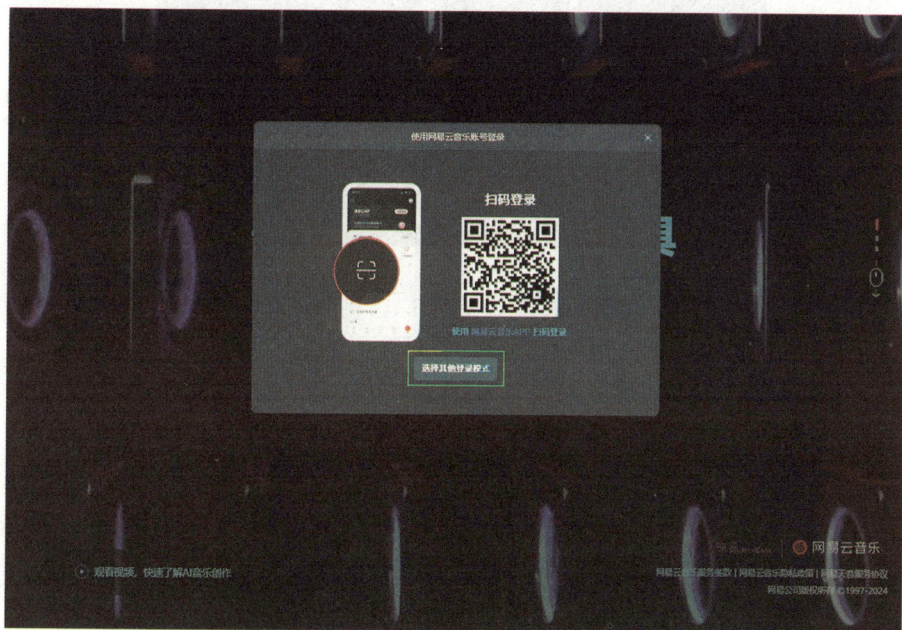

尽管是免费服务，但仍要求使用网易云账号登录。换句话说，它其实是"网易云音乐"的一部分。

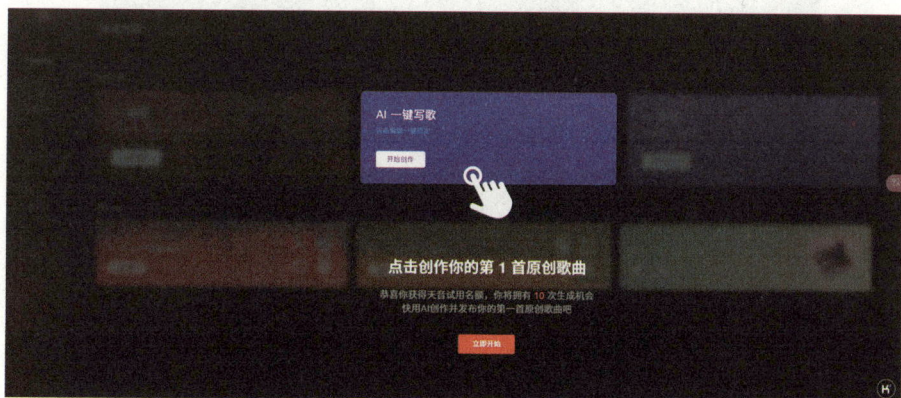

登录之后进入主页，会有一个强制引导，相当于新手教学，如上图。除了"立即开始"，没有其他选择。

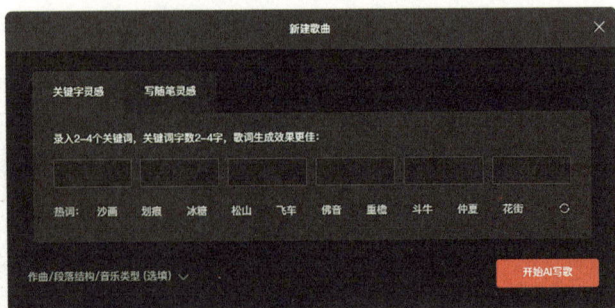

点击"立即开始",直接跳出对话框,在里面输入想要生成音乐的提示词,2～4个词组,每个词组2～4个字即可。让我们来试一下,比如输入:中国风、琵琶、大提琴、韵律感。

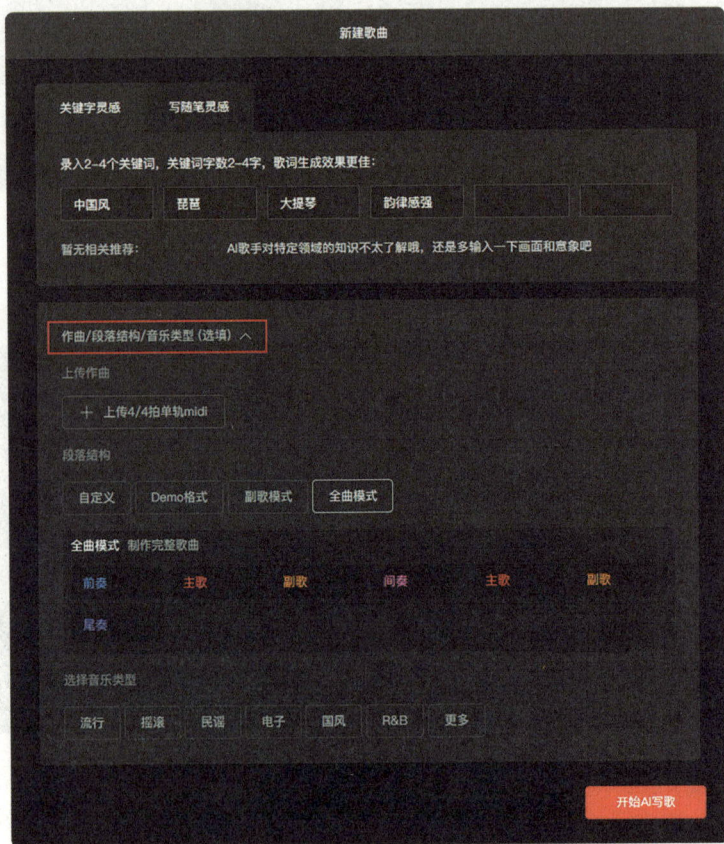

还可以点开（选填）下拉菜单，可以看到更多更细致的选择。

如果不想选择，就直接点击右下角的"开始 AI 写歌"。

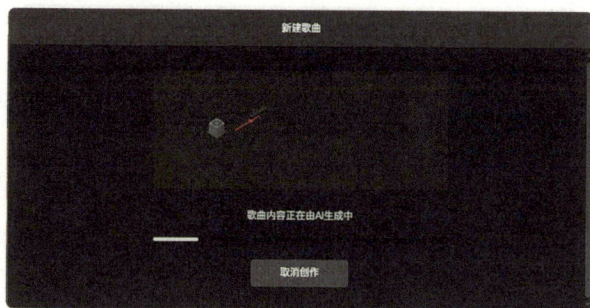

等待生成。

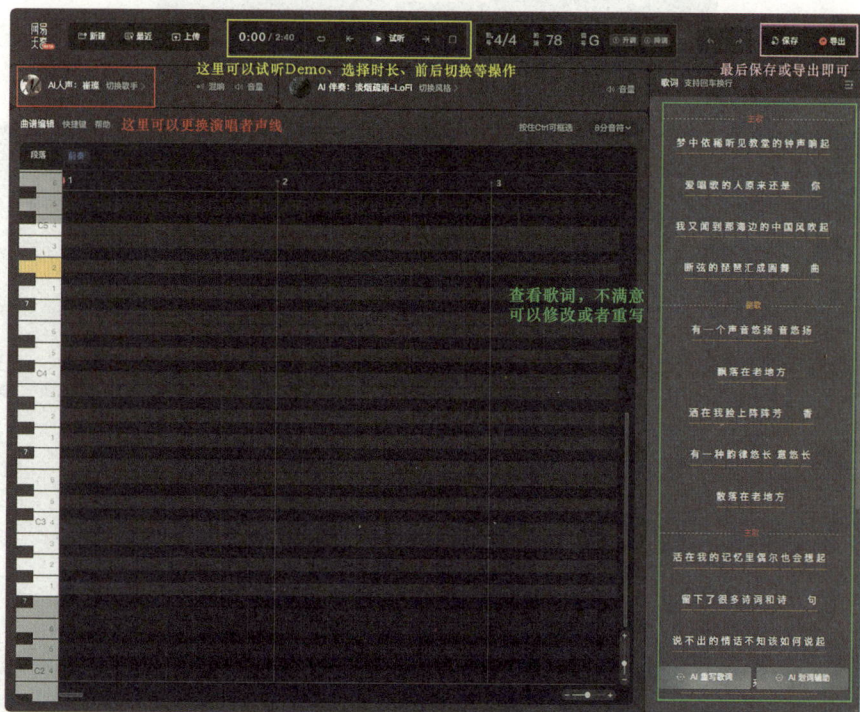

出现这个界面，就说明生成成功了，跟随指引，来看看这个界面都有哪些内容。

当点击试听，会出现选择试听音质与导出音质对比的提示，可以看出一个清晰一些，一个"毛坯"一些。

点击"我知道了"，就会出现如下的等待画面：

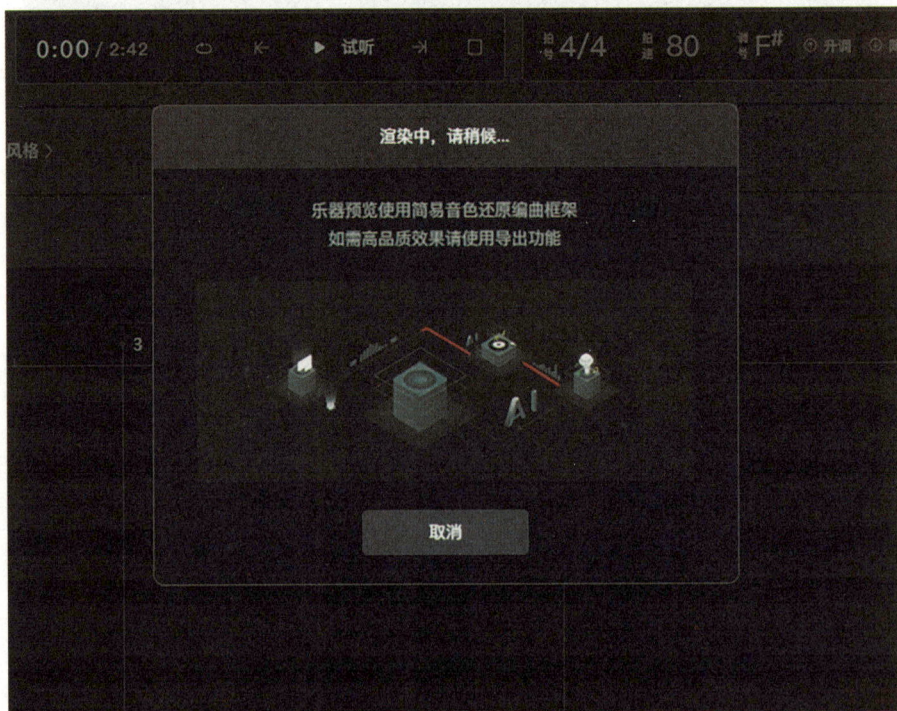

渲染完成，就会变成一个完整但简易的音乐调音台样式，开始试听。

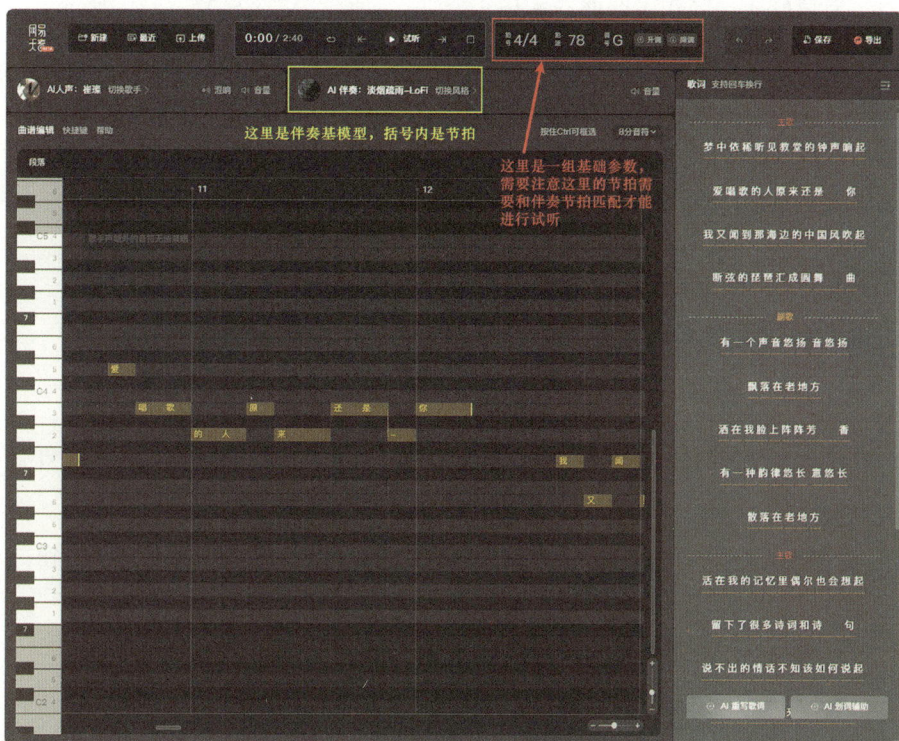

根据生成结果，试听之后，如果有不满意的地方，我们还可以继续调整，直到满意为止。

这样，一首由 AI 生成的歌曲就完成了，当然，这里面还有很多细节的设定可以进行调整，如果您感兴趣的话就动手来试一试吧。

AI 音乐的应用场景

个人娱乐

创作属于自己的生日歌或毕业纪念曲。

翻唱偶像的歌曲（需注意版权）。

学习与作业

为学校活动制作主题曲或配乐（比如运动会、科技节）。

用 AI 生成的音乐练习填词或编曲。

功能型音乐

助眠白噪音、学习专注音乐。

商场或餐厅的背景音乐。

实战项目：生成一张专辑

相比于上面的天音，对于普通用户来说，"豆包"在音乐生成方面有着独特的优势——终于不用去写那种专业音乐名词的提示词了。

打开"豆包"首页，如果首页没有 AI 音乐字样，就点击"更多"按钮。

点击进去，就是如下页面，非常简洁，也非常直观。

不再需要繁琐的提示词，专业的音乐术语，只需要提供最简单的文字内容，即可完成一首 AI 音乐的描述。

输入好相应内容，直接生成，稍等一会儿就完成了。

美中不足的是，"豆包"音乐生成目前也只有 1 分多钟，时间略短……

我想创作一首歌曲，用AI 帮我写歌词。这首歌是流行音乐风格，传达快乐的情绪，使用女声音色

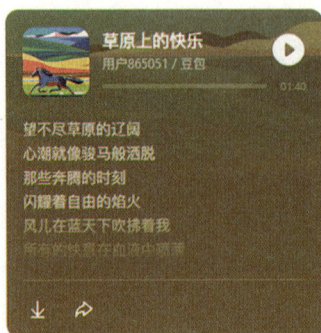

草原上的快乐
用户865051 / 豆包

01:40

望不尽草原的辽阔
心潮就像骏马般洒脱
那些奔腾的时刻
闪耀着自由的焰火
风儿在蓝天下吹拂着我
所有的快乐在此刻中绽放

分享 ⋯

生成的歌词里可以加入一些拟声词吗？ →

换一个女性歌手来演唱这首草原风的流行歌曲。 →

能否把歌曲的节奏加快一点，营造更欢快的氛围？ →

AI 编程 新　　音乐生成　　帮我写作　　图像生成　　AI 搜索　　AI 阅读　　学术搜索　　更多

发消息，输入 @ 或 / 选择技能

依样画葫芦地再生成多首，即可拥有一张属于自己的 AI 音乐专辑。

第四章

AI 视频制作：从模拟世界到开创纪元

AI 生成视频是一项非常有趣的技术，它可以让计算机根据文字、图片或音频自动创作出动态视频内容。而且 AI 视频生成的前景也被十分看好，预计在 2026 年普及手势控制的实时生成，而到了 2030 年，预计 50% 的教材将配套 AI 生成视频。

AI 在视频技术中的应用

AI 生成视频就像让计算机学会"剪辑和导演"，AI 生成视频的核心原理是：

①理解内容，通过文字或图片识别视频主题（比如"一只会飞的猫在太空漫步"）。

②学习规律，分析大量现有视频，掌握物体运动、光影变化等规律。

③生成画面，逐帧（每一张图片）合成动态影像，并添加连贯的动作和场景。

就好像你画了一本翻页动画书，AI 能自动补全中间缺失的画面，让动画更流畅。

AI 在视频技术中的用法

文字生成视频

输入：一段文字描述（如"夕阳下的樱花飘落，背景播放钢琴曲"）。

用途：快速制作短视频、故事开头片段。

图片生成视频

输入：一张静态图片，AI 让图片"动起来"。

示例：让蒙娜丽莎画像眨眼、让风景照中的云朵飘动。

视频风格迁移

输入：原始视频 + 目标风格（如"梵高星空画风"）。

效果：将普通视频变成油画、像素风或动漫风格。

智能视频特效和滤镜

刷短视频时，你是否好奇过那些会下雪的手机自拍、能穿越到梵高画作的旅行 vlog 是怎么做出来的？这一切都归功于 AI 视频特效与滤镜技术，就像给视频穿上"魔法外衣"，普通人用手机就能做出专业级效果。本文将为你揭秘这些神奇功能背后的原理，并提供详细的操作指南。

剪映 App 是一款专为零基础用户设计，用户无须专业经验，只需简单几步操作，即可实现视频剪辑、特效添加、音乐配合等功能。操作界面简洁直观，功能强大实用，不管是视频剪辑的新手还是视频拍摄爱好者，都能通过剪映快速打造出专业级的短视频作品。

剪映 App 的滤镜功能强大，能让你的视频瞬间焕发不同魅力，轻松拍出大片感。掌握滤镜的使用，能让你的视频内容更加丰富多彩，轻松吸引观众眼球。

夜景滤镜

夜景滤镜是一种专门用于增强和提升夜景视频画质的工具。通过使用这些滤镜，你可以让夜景视频更加明亮、清晰，并增强暗部的细节。具体操作步骤如下：

打开剪映 App，在主界面中点击"开始创作"按钮，如图所示。

点击"照片视频"选项卡，选择合适的夜景视频素材，点击右下角的"添加"按钮。

点击"滤镜"按钮。

点击"夜景"选项卡，用户可以在其中多尝试一些滤镜，选择一个与短视频风格最符合的滤镜，以"冷蓝"滤镜为例，拖拉"滤镜"界面下方的白色圆形滑块，适当调整滤镜的应用程度参数，然后点击"√"按钮。

069

执行操作后，拖拉滤镜轨道右侧的白色拉杆，调整滤镜时间，使其与视频时间保持一致。

点击"播放"按钮，即可预览视频效果，能看到视频中的夜景在加了"冷蓝"滤镜之后变得更加透澈，点击右上角的"导出"按钮，即可导出视频。

风景滤镜

风景滤镜包括绿妍、景明、晴空等效果，我们可以根据需要选择合适的风景滤镜，使景色更加令人向往。具体操作步骤如下：

打开剪映 App，在主界面中点击"开始创作"按钮。

点击"照片视频"选项卡，选择合适的风景视频素材，点击右下角的"添加"按钮。

点击"滤镜"按钮。

点击"风景"选项卡，用户可以在其中多尝试一些滤镜，选择一个与短视频风格最符合的滤镜，以"椿和"滤镜为例，拖拉"滤镜"界面下方的白色圆形滑块，适当调整滤镜的应用程度参数，然后点击"√"按钮。

执行操作后，拖拉滤镜轨道右侧的白色拉杆，调整滤镜时间，使其与视频时间保持一致。

点击"播放"按钮，即可预览视频效果，能看到视频中加了"椿和"滤镜之后色调更加明快，点击右上角的"导出"按钮，即可导出视频。

071

美食滤镜

　　美食滤镜包括暖食、味蕾、鲜美、家宴等效果，我们可以根据需要选择合适的美食滤镜，以突出食物的色彩和质感，使食物看起来更加诱人、鲜艳，提升视频的观赏性。具体操作步骤如下：

　　打开剪映 App，在主界面中点击"开始创作"按钮。

　　点击"照片视频"选项卡，选择合适的美食视频素材，点击右下角的"添加"按钮。

　　点击"滤镜"按钮。

　　点击"美食"选项卡，用户可以在其中多尝试一些滤镜，选择一个与短视频风格最符合的滤镜，以"鲜美"滤镜为例，拖拉"滤镜"界面下方的白色圆形滑块，适当调整滤镜的应

用程度参数，然后点击"√"按钮。

执行操作后，拖拉滤镜轨道右侧的白色拉杆，调整滤镜时间，使其与视频时间保持一致。

点击"播放"按钮，即可预览视频效果，能看到视频中的米粉在加了"鲜美"滤镜之后变得更加自然，点击右上角的"导出"按钮，即可导出视频。

复古胶片滤镜

复古胶片滤镜包括德古拉、普林斯顿、摩登、影部等效果，我们可以根据需要选择合适的复古胶片滤镜，使视频或照片更有质感。具体操作步骤如下：

打开剪映 App，在主界面中点击"开始创作"按钮。

点击"照片视频"选项卡，选择合适的风景视频素材，点击右下角的"添加"按钮。

点击"滤镜"按钮。

点击"复古胶片"选项卡，用户可以在其中多尝试一些滤镜，选择一个与短视频风格最符合的滤镜，以"普林斯顿"滤镜为例，拖拉"滤镜"界面下方的白色圆形滑块，适当调整滤镜的应用程度参数，然后点击"√"按钮。

执行操作后，拖拉滤镜轨道右侧的白色拉杆，调整滤镜时间，使其与视频时间保持一致。

点击"播放"按钮，即可预览视频效果，能看到视频中的"普林斯顿"滤镜之后变得更加有质感，点击右上角的"导出"按钮，即可导出视频。

影视级滤镜

我们常常需要剪辑和风景相关的短视频。剪映 App 中的风景滤镜包括高饱和、爱之城Ⅱ、繁花似锦等效果，我们可以根据需要选择合适的风景滤镜，使景色更加令人向往。具体操作步骤如下：

打开剪映 App，在主界面中点击"开始创作"按钮。

点击"照片视频"选项卡，选择合适的视频素材，点击右下角的"添加"按钮。

点击"滤镜"按钮。

点击"影视级"选项卡，用户可以在其中多尝试一些滤镜，选择一个与短视频风格最符合的滤镜，以"爱之城Ⅱ"滤镜为例，拖拉"滤镜"界面下方的白色圆形滑块，适当调整滤

075

镜的应用程度参数，然后点击"√"按钮。

执行操作后，拖拉滤镜轨道右侧的白色拉杆，调整滤镜时间，使其与视频时间保持一致。

点击"播放"按钮，即可预览视频效果，能看到视频中的素材在加了"爱之城Ⅱ"滤镜之后变得更加精致，点击右上角的"导出"按钮，即可导出视频。

风格化滤镜

风格化滤镜是剪映App中一组比较炫酷、有趣的滤镜，多用于制作风格特别的视频，让短视频制作更加快捷、方便，也更别具一格。具体操作步骤如下：

打开剪映App，在主界面中点击"开始创作"按钮。

点击"照片视频"选项卡，选择合适的视频素材，点击右下角的"添加"按钮。

点击"滤镜"按钮。

点击"风格化"选项卡，用户可以在其中多尝试一些滤镜，选择一个与短视频风格最符合的滤镜，以"暗夜"滤镜为例，拖拉"滤镜"界面下方的白色圆形滑块，适当调整滤镜的应用程度参数，然后点击"√"按钮。

执行操作后，拖拉滤镜轨道右侧的白色拉杆，调整滤镜时间，使其与视频时间保持一致。

点击"播放"按钮，即可预览视频效果，能看到视频中的内容在加了"风格化"中的"暗夜"滤镜之后变得更加迷人，点击右上角的"导出"按钮，即可导出视频。

AI 视频的瓶颈与困境

　　尽管 AI 在视频应用方面给予了非常多的帮助，但仍然存在一些瓶颈，限制 AI 技术在视频领域的发挥。

技术层面的瓶颈

计算资源消耗巨大

　　视频是由大量的连续帧组成，处理一段视频需要同时分析海量数据（例如 1 分钟 1080p 视频约有 1800 帧），这就对算力和内存的要求极高，普通设备难以实时处理，导致高延迟或高成本。

生成质量不稳定

　　虽然 AI 能生成逼真视频（如 Deepfake），但细节常常会出现"诡异"的错误（如扭曲的手部动作、不自然的眨眼），尤其是在复杂场景（多人互动、光影变化）中更容易穿帮。

连贯性与逻辑性不足

　　AI 在生成长视频时，可能无法保持前后一致性。例如，生成的角色可能在动作或对话中突然"断裂"，场景切换不符合物理规律（比如杯子突然消失）。

数据与训练的难题

依赖高质量标注数据

　　训练 AI 需要大量带标签的视频数据（例如标注每帧中的人物、动作、物体），但人工标注视频耗时费力，小众领域（如医疗手术视频）又数据稀缺。

数据隐私与伦理风险

许多视频涉及个人隐私，使用这些数据训练 AI 可能引发法律问题。此外，AI 可能会无意中学习到偏见、歧视等具有极强个人主观意识的观点，失去原本应该有的中立、中正。

硬件与成本限制

实时处理门槛高

实时视频分析（如自动驾驶识别路况）需要低延迟，但现有硬件难以同时满足速度和精度要求。普通摄像头或手机算力不足，依赖云端计算又可能增加延迟。

存储与传输压力

高清视频占用存储空间大，AI 处理后的视频（如 4K 修复版）则可能需要更昂贵的存储设备，限制了应用传播的普及性。

伦理与法律困境

虚假信息泛滥

AI 生成的"以假乱真"视频可能被用于造谣、诈骗或政治操纵（例如伪造名人发言），而普通人难以辨别真伪，这会对社会信任体系造成冲击。

版权归属模糊

AI 生成的视频内容版权属于谁？是训练数据的原作者、开发者还是用户？法律尚未明确，会引发争议。

实际应用中的挑战

用户接受度问题

人们对 AI 生成的内容可能天然不信任，对于部分场景的应用（如电影创作）仍依赖人类艺术家的不可替代性。

跨平台适配困难

不同设备之间（手机、电脑、摄像头）的硬件差异导致 AI 模型难以通用，往往需要针对性地优化，增加开发成本。

实战项目：剪映零基础快速上手

认识剪映 App

在手机屏幕上点击剪映 App 的图标，打开剪映 App。

进入"剪映"主界面，点击"开始创作"按钮。

点击"照片视频"选项卡，选择合适的照片或视频素材，然后点击"添加"按钮。

如果自己没有太好的照片或视频素材，也可以点击"素材库"选项卡，选择剪映提供的免费素材（用户只有在非商业环境下应用这些素材才是安全的，如果是出于商业目的应用，则存在侵权风险），如选择其中两个视频，然后点击"添加"按钮。

添加成功后，即可导入相应的照片或视频素材，并进入编辑界面，以美食素材为例。视频预览区域左下角有两个时间，分别表示当前时长和视频的总时长。点击预览区域中间的按钮，即可播放视频。

也可以点击预览区域右下角的按钮，全屏预览视频效果。

点击视频左下角的播放按钮，即可播放视频。

视频播放效果。

快速了解剪辑界面

手机上剪映 App 的剪辑界面设计直观且易于上手，为用户提供了丰富的视频编辑功能。进入剪辑界面后，你可以轻松地对视频进行裁剪、分割、复制等操作。

以导入的美食素材为例，点击"剪辑"按钮。

进入视频剪辑界面，拖动时间轴至 4 秒处；点击"分割"按钮，即可将视频从 4 秒处切开；选中 4 秒后的视频，点击"删除"按钮，即可删除4 秒以后的视频。

选择需要复制的视频片段，点击菜单栏中的"复制"按钮，即可复制视频片段。

一键替换，快速更换视频素材

打开剪辑好的短视频文件，如果想要将视频中的某个片段替换为其他片段，可以进行以下操作。

找到需要替换的视频片段，以美食素材为例，选择该片段，向左滑动下方工具栏，找到并点击"替换"按钮。

进入"照片视频"界面，选择想要替换的素材。

替换成功后，视频轨道上就会显示替换后的视频素材。点击"播放"按钮，就能查看替换后的视频效果。

位置调换，精确剪辑每帧画面

在剪辑的过程中，经常会涉及视频位置的调换。一来可以调节视频的节奏感，二来可以提高视频的流畅度。具体操作步骤如下。

选中后拖动

完成位置调换

选择要操作的视频，以替换后的美食素材为例，在时间轴上找到要调换位置的视频片段，按住视频片段并拖动到要调换的位置。

松开视频即可完成位置调换。

调整视频比例，轻松完善视频

更改视频比例能让视频在不同的场景下展示更好的效果，同时也能调整画面的构图和美感，为观众带来更加舒适的视觉体验。具体操作步骤如下：

以美食素材为例，点击底部工具栏的"比例"按钮。

在弹出的比例选项中，选择所需要的视频比例。

如果这些比例都不符合需求，可以点开"编辑"按钮。

再点开"调整大小"，即可从四个方向进一步调整视频的裁剪和大小。

关闭或分离原声，强化视频表现效果

剪映中关闭原声功能能消除视频中的原始声音，而分离原声可以将视频与音频分开，使它们成为独立的元素，便于后续的编辑和处理。具体操作步骤如下：

1. 导入一段视频，以美食素材为例，在剪映二级工具栏中点击"音频分离"按钮。

可以将音频分离出来，如下图所示。

2. 在剪映二级工具栏中点击"音量"按钮，将音量调至"0"，这段视频就是无声状态。

音频降噪，强化声音细节

在拍摄视频时，由于环境、设备等因素的影响，很容易产生各种噪音，这些噪音会严重影响视频的观感和质量。而剪映的音频降噪功能，正是为了解决这个问题而设计的。通过降噪处理，去除音频中的杂音、背景噪声或嘈杂声等声音干扰，可以使音频听起来更加清晰、自然，提高视频的听感体验。具体操作步骤如下：

1. 导入一段视频，以美食素材为例，点击"音频降噪"按钮。

2. 将按钮调到最右端，点击"√"按钮，即可完成降噪。

① 将按钮调到最右端

② 点击

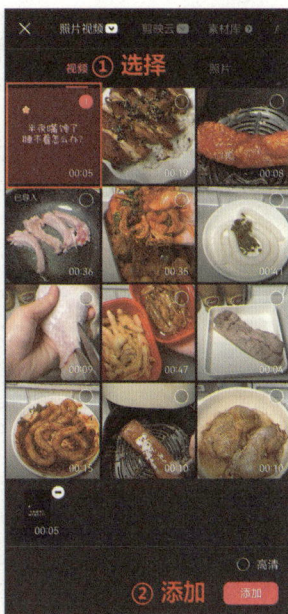

添加片头、片尾，统一视频风格

经常刷短视频的用户会发现，一般网红发的短视频的片头、片尾都会有统一的风格，以我所运营的美食账号的短视频为例，开场都是"黑底＋标题文案"。准备好需要添加的片头和片尾的视频素材，可以是文字、图像、动画或者已经制作好的短视频片段。具体操作步骤如下：

1. 添加片头：以美食素材为例，在时间轴上找到视频的起始位置，点击"添加"按钮。

选择你要添加的片头素材，再点击"添加"按钮。

添加成功后，片头素材就会出现在视频轨道上。

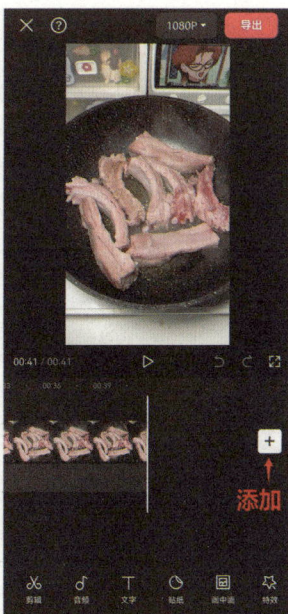

2．添加片尾：在时间轴上找到视频的结束位置。同样地，点击"添加"按钮。

选择要添加的片尾素材，并将其添加到时间轴的视频后面。

添加成功后，片尾素材就会出现在视频轨道上。

3．导出视频：在整条视频调至满意后，选择适当的输出参数和质量（分辨率：较高的分辨率意味着视频图像更加清晰，但也会占用更多的存储空间；帧率：帧率越高，视频的流畅度和逼真度就越高；码率：码率越高，视频文件的质量就越好，但文件大小也会相应增大），点击"导出"按钮，将视频导出到自己的手机或分享到社交平台。

导出至100%即为导出成功。

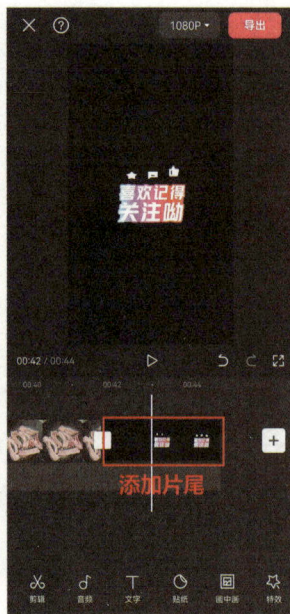

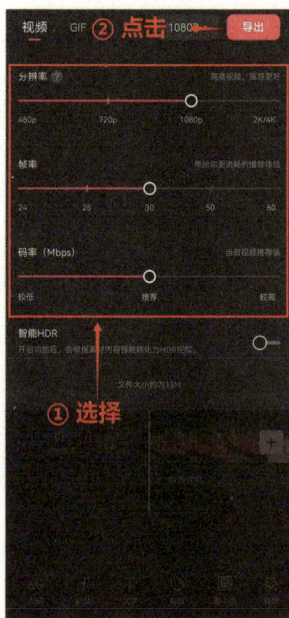

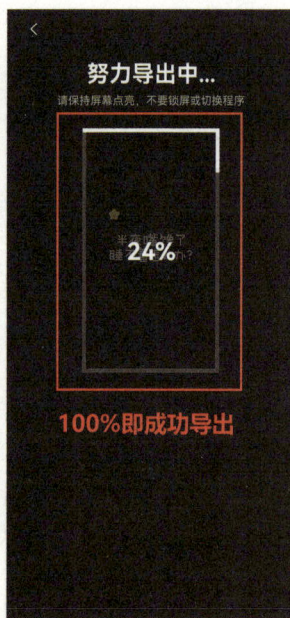

一键成片，快速合成完整视频

剪映是一款功能强大的视频编辑软件，其中的"一键成片"操作功能为用户提供了极大的便利。通过这一功能，用户只需简单几步，即可将视频素材快速整合成一个完整的视频作品。无须复杂的剪辑技巧，只需选择你想要编辑的视频素材，点击"一键成片"按钮，剪映便会自动分析素材，智能匹配音乐、转场效果和字幕，为你生成一个精彩纷呈的视频。这一操作不仅节省了用户的时间和精力，还能确保视频作品的质量和观感。

无论是制作个人生活记录、旅行分享还是商业宣传，剪映的"一键成片"操作都能让你轻松制作出专业级的视频作品。具体操作步骤如下：

1. 在剪映 App 的主界面，点击的"一键成片"选项卡。

2. 在弹出的视频界面中选择素材，点击素材右上角的小圆圈，就可以选中用于生成视频的素材。如果想要素材之间的画面过渡自然，并且确保视频效果，最好选择 3 段或者更多的素材，这样生成的视频才能具有更好

的效果（素材是按照我们选择的顺序来排列的，小圆圈内的数字表示素材拼接的顺序，如果取消勾选的素材，后面素材的序号会自动向前调整），可以根据需要依次选择想要拼接的素材，确定好想要选择的素材和素材顺序之后，点击界面右下角的"下一步"按钮。

3. 这时剪映开始进行素材的处理，几秒钟后就能生成一段剪辑好的成片。如果我们对App 自动选择的模板不满意，可以在视频下方根据自己的喜好选择对应的模板。

4. 选中模板后，模板会被红框框住，并且红框中会出现"点击编辑"字样，点击红框后出现的界面，此时长按素材然后拖动，就能调整视频素材的顺序；点

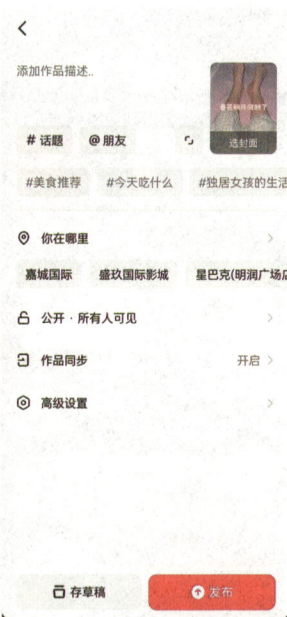

击红框内的"点击编辑"，即可调整选中的素材内容。

5. 点击视频下方的"无水印保存并分享"即可导出无水印视频；此时视频可自动分享到抖音发布界面。

6. 在发布界面手动选封面、添加作品描述、定义或添加话题＃、＠朋友，最后点击下方的"发布"按钮，即可成功发布视频。

第五章

AI 制作 3D 建模：次元壁的新突破

    AI 在 3D 建模领域的应用可以追溯到 21 世纪前 10 年的理论研究阶段，早期的技术主要集中在 2D 图像上，并没有直接涉及 3D 建模。随着扩散生成技术的突破以及大规模多模态数据集和表征模型的发展，到了 2021 年末至 2022 年，AI 开始在 3D 内容生成方面取得进展。随着大模型进一步成为显学，进入 2023 年，出现了包括 "Shap-E" "DreamFace" "ProlificDreamer" "One-2-3-45" 等多个具有代表性的技术和平台，3D 生成领域开始进入了新的加速车道。

    如今，互联网巨头如谷歌和小米也已经在他们的产品中引入了一些基于 AI 的建模工具，这些工具不仅能通过学习丰富的视觉数据自动生成 3D 模型，还能对模型进行优化处理。而在游戏开发领域，腾讯混元 3D 创作平台的应用更是将 3D 资产制作的时间成本从数天缩短至分钟级。而随着时间的推移，这一领域的技术和应用将继续快速发展，为各行各业带来更多的创新和变革。

AI 制作 3D 模型的难点与突破

过去，AI 在进行 3D 建模时面临着多个技术挑战。

3D 数据的复杂性和稀缺性：与 2D 图像相比，3D 模型的数据更加复杂且难以获取。3D 模型不仅包含几何信息，还包括纹理、材质等多方面的属性，这增加了数据处理的难度。此外，高质量的 3D 数据相对较少，限制了 AI 训练的有效性。

缺乏标记的 3D 数据：对于监督学习来说，需要大量的标记数据来训练模型。然而，在 3D 领域，获得足够数量和质量的标记数据是一个重大挑战。

模型生成的质量和精度问题：早期的 AI 生成的 3D 模型往往存在细节丢失、形状不准确等问题，难以达到实际应用的标准。

理解和生成复杂的结构：理解并生成具有复杂内部结构的 3D 对象（如机械零件）对 AI 来说尤为困难，因为这要求模型能够捕捉到细微的空间关系和逻辑结构。

为了克服这些问题，研究人员采取了多种应对策略。

利用现有资源和技术：例如，通过使用现有的视频 AI 模型，并对其进行微调以适应 3D 内容的生成需求，从而解决 3D 数据不足的问题。

开发新的算法和技术：如 Physna 公司尝试利用其拥有的大量标记 3D 数据集以及先进的编码技术来提高生成式 AI 的效果。

改进训练方法：通过增强模型对自然语言指令与图像指令的理解能力，持续突破技术瓶颈，使得 AI 能够更好地理解用户需求并据此生成相应的 3D 模型。

提升模型架构和计算能力：随着硬件性能的提升和新型神经网络架构的发展，AI 模型可以处理更复杂的任务，比如 Meta 研发的 VFusion3D 大模型就展示了在多视角视频序列上的生成能力。

AI 制作 3D 模型的前景

AI 在 3D 制作领域的进展近年来显著加速，前景广阔且充满变革潜力，尤其是在生成式 AI、建模效率提升和跨领域应用等方面。

AI 通过自动化复杂任务优化了传统建模流程：

纹理与动画生成： AI 可自动生成高精度纹理并投影到 3D 模型上，减少手动调整时间。

轻量化建模： 通过优化数据结构降低模型复杂度，使 3D 内容在移动端和物联网设备中更流畅运行，尤其适用于数字孪生和城市规划。

跨平台兼容性： AI 驱动的 3D 工具支持多设备协作，结合云计算实现无缝跨平台操作，提升异地团队协作效率。

AI 算法正在推动 3D 个性化与规模化应用。

医疗领域： AI 生成的 3D 模型可用于定制化假体或手术导板，提高精准度。

工业制造： 在航空航天和汽车领域，AI 优化设计结构并生成轻量化模型，结合 3D 打印实现快速原型制作。

3D 打印： AI 生成模型推动个性化定制需求，全球消费级 3D 打印机年出货量或从 500 万台增至 5000 万台。

教育医疗： 通过 VR/AR 技术构建沉浸式学习环境，如虚拟手术训练、历史场景模拟等。

游戏与影视： AI 可快速生成场景、角色及道具，缩短开发周期。例如，VAST 的"Tripo 系列"工具可在 10 秒内生成高精度模型，支持游戏与影视特效制作。

随着硬件升级（如实时光追技术普及）与跨平台兼容性优化，AI 正从工具辅助迈向内容创造的核心环节，未来将更注重智能化、个性化和跨领域协同，在 3D 建模领域将成为数字内容生产的核心基础设施。

尝鲜 AI 3D

既然 AI 已经在 3D 领域开始下场制作，那么我们也来试一试利用 AI 技术生成一个 3D 模型。

在众多的 AI 供应商中，"混元 3D"是腾讯推出的一站式 3D 内容生产 AI 创作平台，"混元 3D"创作引擎为普通 UGC 和游戏等专业场景提供了一站式 3D 内容生产创作平台，支持搭建 3D 基模型、3D 功能矩阵、3D 生成工作流、创作素材库一体的完整创作，简化了 3D 创作流程。

适用场景

游戏开发：能快速生成高质量的游戏角色、道具、建筑等 3D 资产，提升游戏开发效率，缩短制作周期。

影视制作：可辅助角色建模、场景设计和动画制作，提高影视制作的效率和质量，为创作者自动生成 3D 影视角色及动作效果，辅助完成动画创作。

教育领域：可用于虚拟教学和创意设计课程，增强教学的直观性和学生的创造力。用混元 3D 生成各种 3D 模型来进行创意设计和实践操作，更好地理解和掌握设计知识。

产品设计：帮助设计师快速生成产品概念模型，用于展示和评估设计效果。

下面就让我们来动手试一试吧，首先打开"混元 3D"的官网。

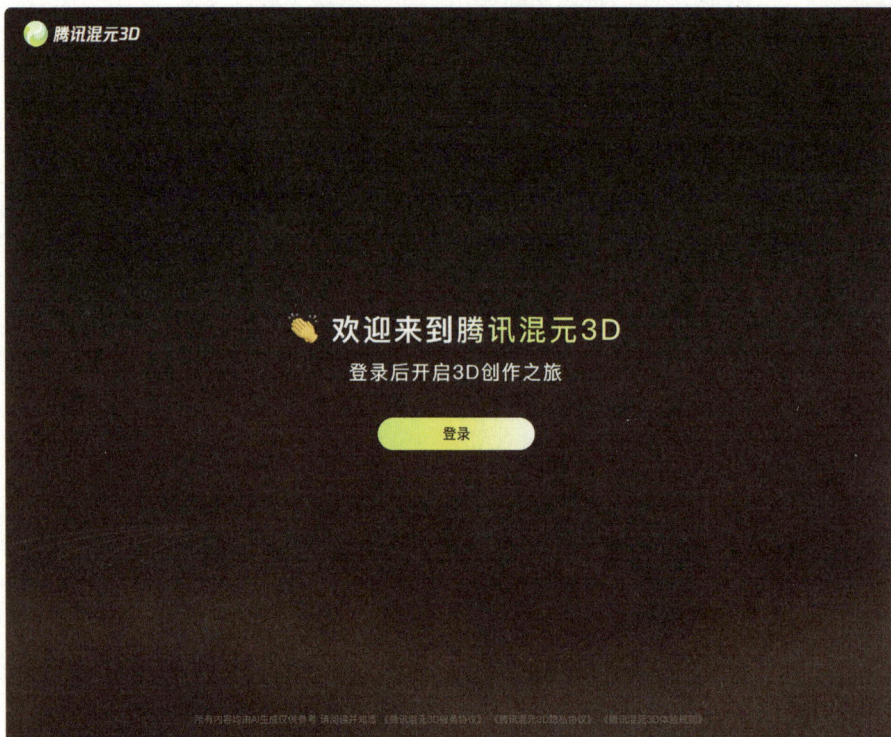

直白又直观，点击"登录"。

微信或者 QQ 登录。

登陆之后，看到这样的界面就是成功了。

主页看上去很复杂，实际的提示词框在最左侧。

这里我用了随机的提示词，直接生成，让我们看看效果。

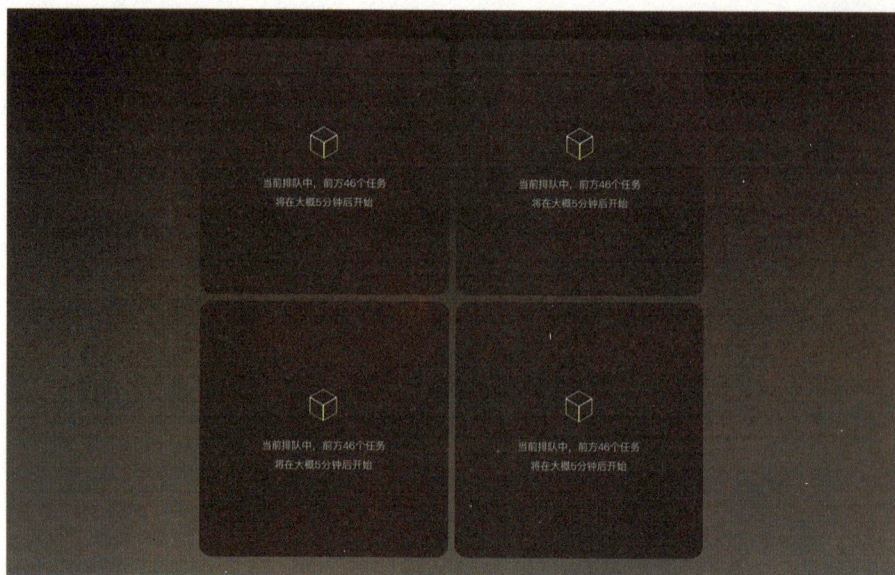

等待界面是这样。

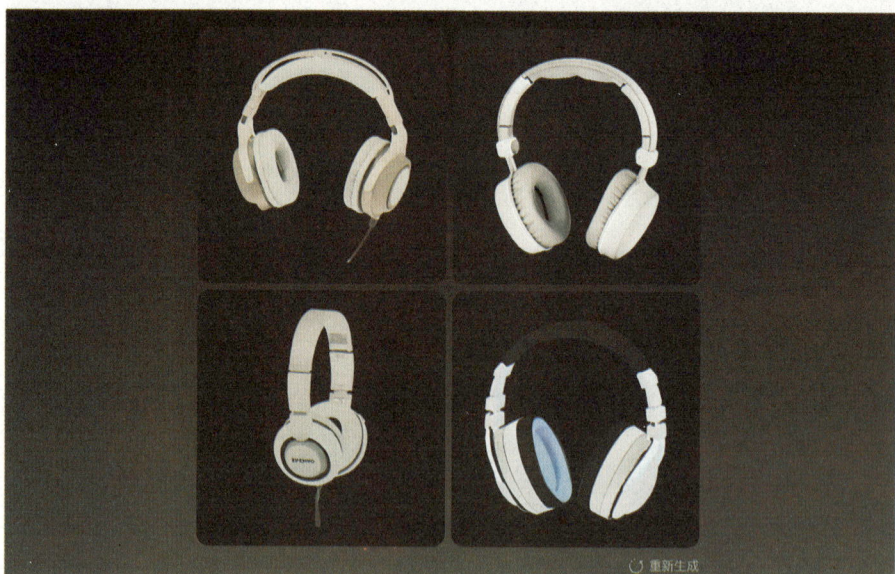

　　等待一段时间后，生成结果是这样的，每一个都可以点开，进入具体的
编辑页面。

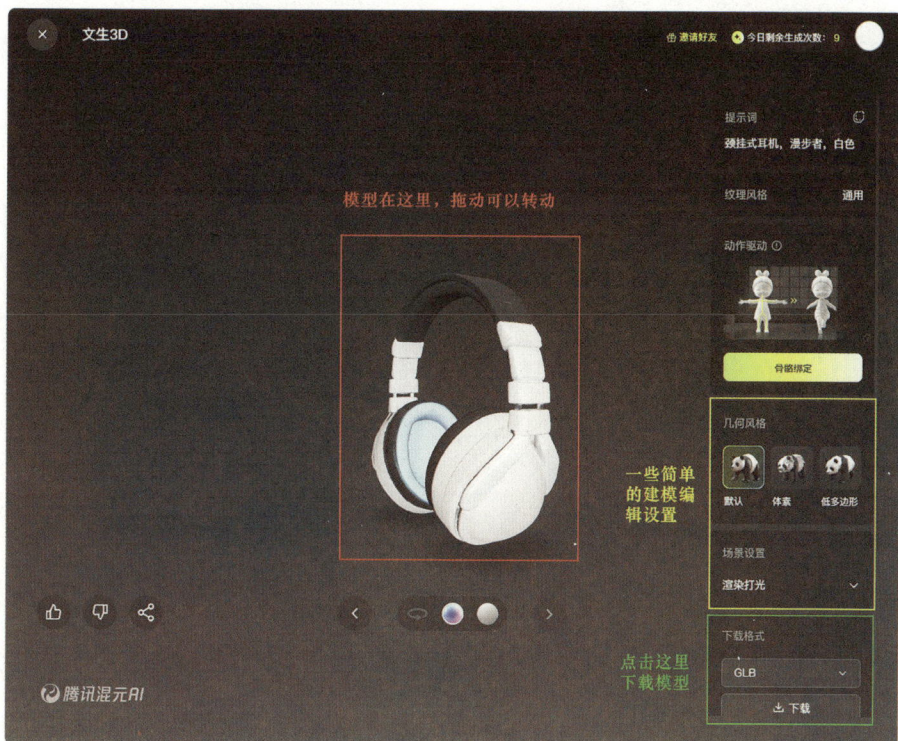

这样，一个基础的 3D 模型就生成好了。

抛开细节，AI 生成 3D 建模在基础上已经可以应用，而当使用更详细的提示词时，它的建模水平也会更加纤细，但仍无法与人工 3D 建模比拟。

数字时代的浪潮中，3D 技术正以其独特的魅力和广泛的应用前景，成为创新和创造力的新舞台。在众多 AI 应用中，3D 模型生成尤为引人注目，它改变了游戏、电影、建筑和工程设计等行业，也为个人创作者和小型工作室提供了前所未有的可能性。

附 录
AI 工具大全：分类与推荐

文本处理工具

国际：

GPT-4（OpenAI）

"GPT-4"是 OpenAI 推出的最新大型语言模型，是 GPT-3 的升级版本。它在自然语言处理能力上有了显著提升，可以处理更复杂的任务，如多模态输入（文本和图像）、更长的上下文理解，以及更准确的推理能力。"GPT-4"可用于各种高级文本处理任务，包括内容创作、代码生成、复杂问题解答等。

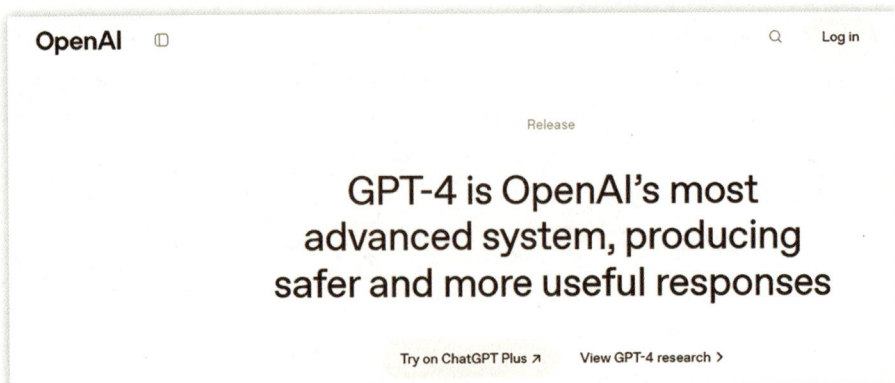

OpenAI

Q   Log in

Release

GPT-4 is OpenAI's most advanced system, producing safer and more useful responses

Try on ChatGPT Plus ↗   View GPT-4 research ›

Claude 3.7（Anthropic）

"Claude 3.7"是 Anthropic 公司开发的大型语言模型，以强大的对话能力和严格的伦理标准而闻名。它擅长进行长篇对话、回答复杂问题、协助写作和编程等任务。"Claude 3.7"还具有良好的上下文理解能力和记忆力，可以在长对话中保持连贯性。不过某些特定领域的专业知识可能不如其他模型。

Grammarly

"Grammarly" 是一款广受欢迎的 AI 写作助手，可以帮助用户检查语法、拼写错误，并提供写作风格建议。它提供浏览器插件、桌面应用和移动应用等多种使用方式，易于使用，支持多种写作场景。

Jasper（原 Jarvis）

"Jasper"是一款 AI 驱动的内容创作平台，可以帮助用户快速生成各种类型的文本内容。如博客文章、社交媒体帖子、广告文案等，操作简单，模板丰富。

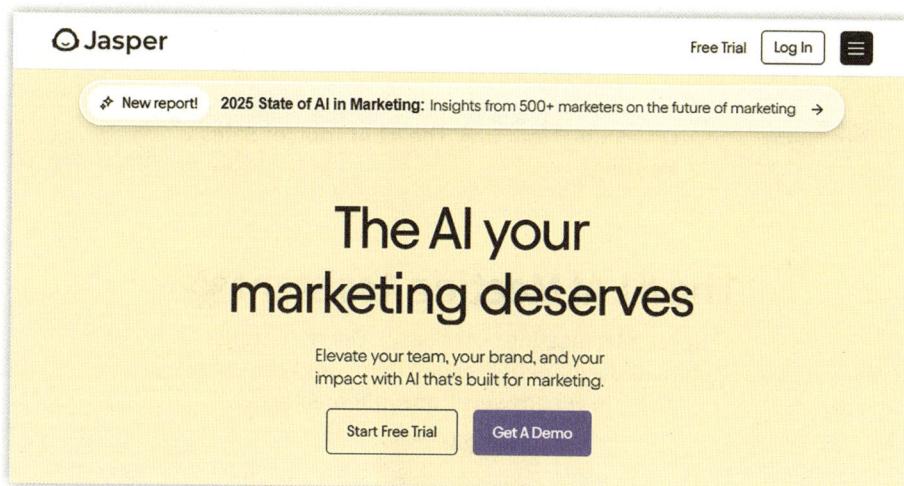

DeepL Translator

"DeepL"是一款基于深度学习的翻译工具，在某些语言的翻译质量上甚至超过了 Google 翻译。它支持多种语言之间的互译，并能保持原文的语气和风格。翻译质量高，支持文档翻译，不过支持的语言数量相对较少。

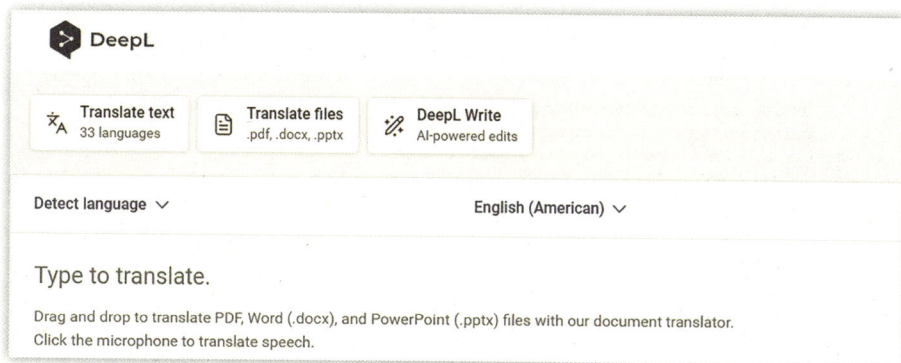

Otter.ai

　　"Otter.ai"是一款强大的语音转文字工具，可以实时转录会议内容，并自动生成摘要和关键词。它还支持多人对话识别，非常适合用于会议记录和采访整理。

OII•I Otter.ai　　　　　　　　　　　　　　　Menu ≡

NEW! OtterPilot™ for Sales The #1 AI Tool for Sales Meetings　　Learn more

The #1 AI Meeting Assistant ✦

Never take meeting notes again. Get transcripts, automated summaries, action items, and chat with Otter to get answers from your meetings.

Start for Free

AI Meeting Assistant

Get automated meeting notes and summaries with action items using OtterPilot.

NEW **Otter AI Chat**

Get answers and generate content like emails and status updates, using the power of Otter AI Chat across all your meetings.

NEW **AI Channels**

Combine live conversations with async updates. Chat with Otter and teammates to get answers and drive projects forward.

国内：

文心一言（百度）

"文心一言"是百度推出的大型语言模型，能够进行对话、创作、分析等多种任务。它在中文处理方面表现出色，并具有丰富的知识储备。

智谱清言（智谱 AI）

　　"智谱清言"是由智谱 AI 公司开发的大语言模型，专注于中文自然语言处理。它能够进行文本生成、问答、摘要等多种任务。

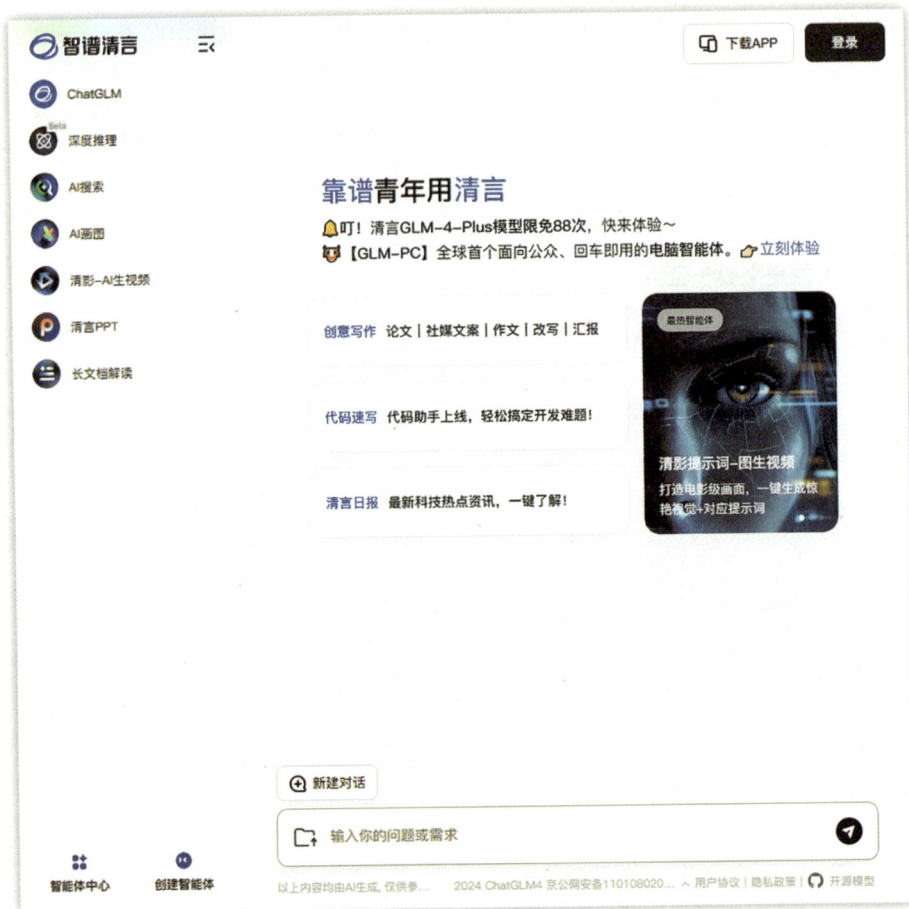

讯飞星火（科大讯飞）

"讯飞星火"是科大讯飞推出的认知大模型，具备强大的自然语言理解和生成能力，特别是在语音交互方面表现突出。

通义千问（阿里巴巴）

"通义千问"是阿里巴巴达摩院开发的大规模语言模型，能够进行多轮对话、文本生成、问答等任务，并具有一定的跨模态能力。综合能力强，与阿里生态结合紧密。

KimiChat（Moonshot AI）

"KimiChat"是由 Moonshot AI 开发的大语言模型对话工具，以强大的中文理解和生成能力而闻名。它能够进行多轮对话、文本创作、问题解答等多种任务。中文处理能力出色，响应速度快。

国内 AI 工具在中文处理、本地化场景应用等方面都有其独特优势。它们的出现不仅丰富了 AI 工具的生态系统，也为用户提供了更多元化的选择。在使用这些工具时，大家可以根据自己的具体需求和使用场景来选择最适合的一款。

图像处理工具

国际：

DALL-E 3（OpenAI）

　　"DALL-E 3"是一款革命性的 AI 图像生成工具，它可以根据文本描述生成高质量的图像。无论是写实风格还是抽象艺术，DALL-E 3 都能创造出令人惊叹的作品。适用于艺术创作、设计草图、内容插图等多种场景。创意无限，生成质量高，不过生成的图像可能涉及版权问题，特别是在商业用途方面需谨慎。

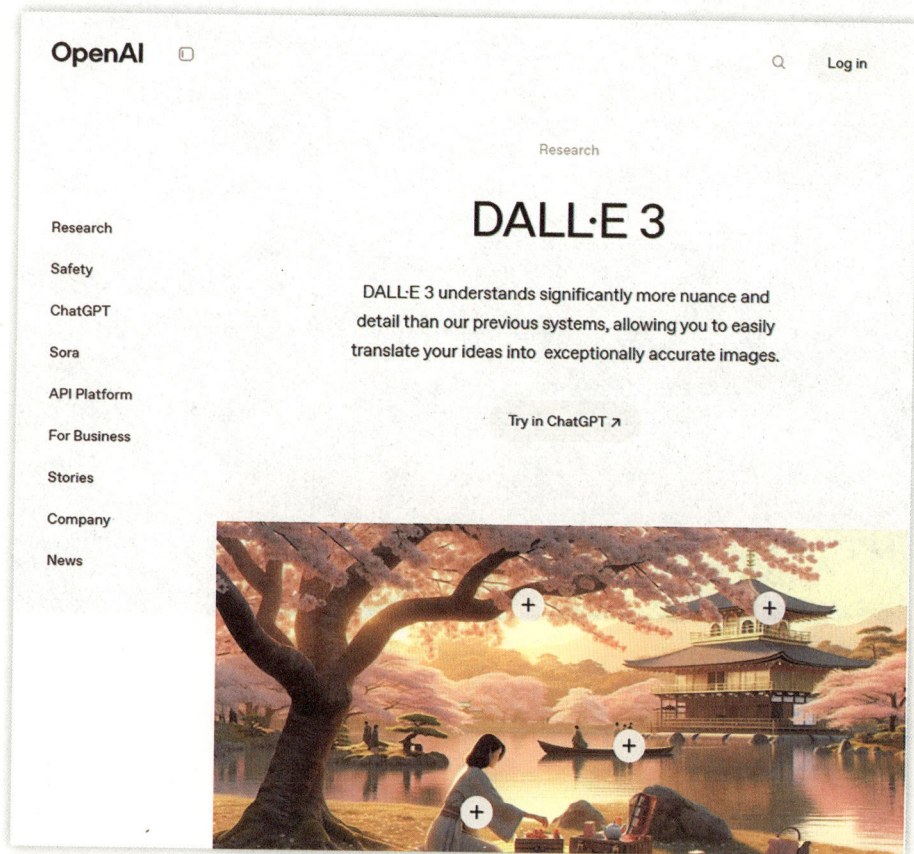

Midjourney

　　"Midjourney"是另一款强大的 AI 图像生成工具，它以其独特的艺术风格而闻名。用户可以通过"Discord 机器人"与"Midjourney"交互，生成各种风格的图像。其艺术风格独特，社区活跃，不过学习曲线较陡，精确控制较难。

Stable Diffusion

"Stable Diffusion"是一个开源的 AI 图像生成模型，它可以在本地运行，也有许多基于 Web 的应用。相比其他工具，"Stable Diffusion"更加灵活，允许用户进行更多自定义设置。其优点是开源免费，可本地运行。

Topaz Labs 系列

"Topaz Labs"提供了一系列基于 AI 的图像处理软件，包括 Topaz Gigapixel AI（图像放大）、Topaz DeNoise AI（降噪）、Topaz Sharpen AI（锐化）等。这些工具可以显著提高图像质量，专业级效果，操作相对简单。

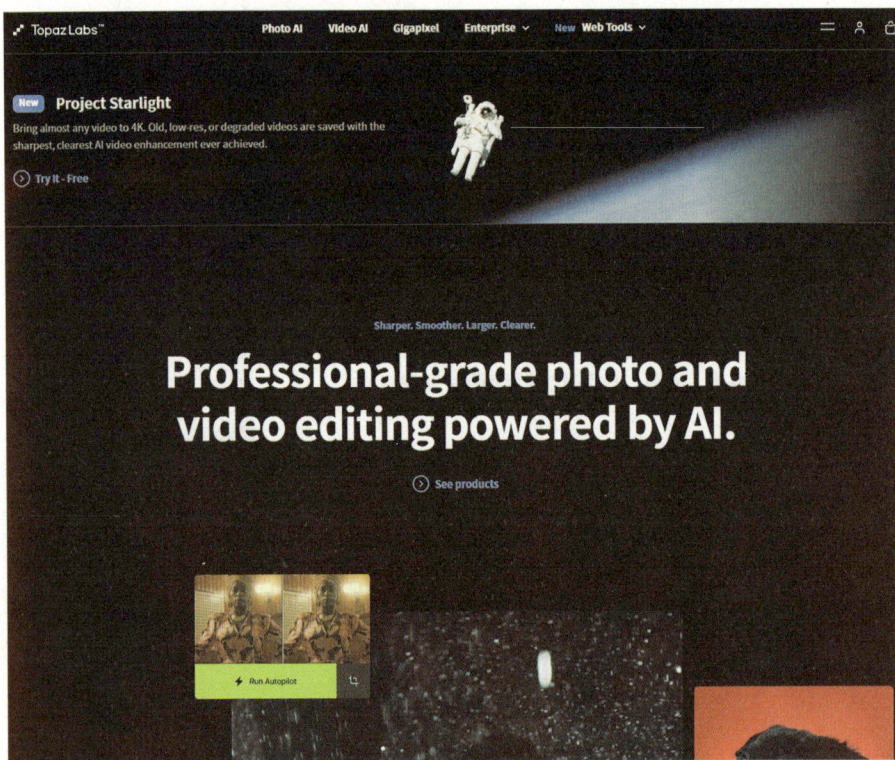

Remove.bg

"Remove.bg"是一款简单易用的 AI 背景去除工具。它可以自动识别图像中的主体，并去除背景。这个工具非常适合电商产品图片处理、头像制作等场景。使用简单，速度快，但对复杂图像效果可能不佳。值得一提的是，它原生支持中文界面。

Lensa

Lensa 是一款 AI 驱动的照片编辑应用，它不仅可以进行基本的美颜、滤镜处理，还能生成各种风格的 AI 头像。它的魔法头像功能在社交媒体上引起了广泛关注。操作简单，效果有趣。

Lensa AI   Log in

Influencers'
Best Kept Secret

Enhance your photos with Lensa AI: one-tap retouch, wipe out distractions, apply trendy filters and effects, and create unique AI avatars. Elevate your social media effortlessly!

TRY NOW

𝕿   GLAMOUR   Forbes   CNBC

国内：

百度 AI 绘画（百度）

"百度 AI 绘画"是一款基于文本生成图像的工具，能够根据用户的文字描述创造出独特的图像。

美图奇想大模型（美图）

"美图奇想大模型"集成了多种 AI 图像处理功能，包括人像美化、风格迁移、智能抠图等。功能丰富，适合移动端使用。

神采（网易伏羲）

"神采"是网易伏羲实验室推出的 AI 绘画工具，支持文本生成图像和图像编辑。中文理解能力强，风格多样。

6pen Art（字节跳动）

"6pen Art"是字节跳动旗下的 AI 艺术创作平台，支持文生图、图生图等功能。生成速度快，风格丰富。

奇域 AI（小红书）

"奇域 AI"是小红书推出的专注于中国文化和中式审美的 AI 绘画创作平台。它提供丰富的中国风绘画风格，如水墨、国漫、刺绣等，支持多种创作形式，包括文字生成图片和风格调整。平台集成了社区互动功能，汇聚众多 AI 绘画创作者，并支持作品商用和变现。

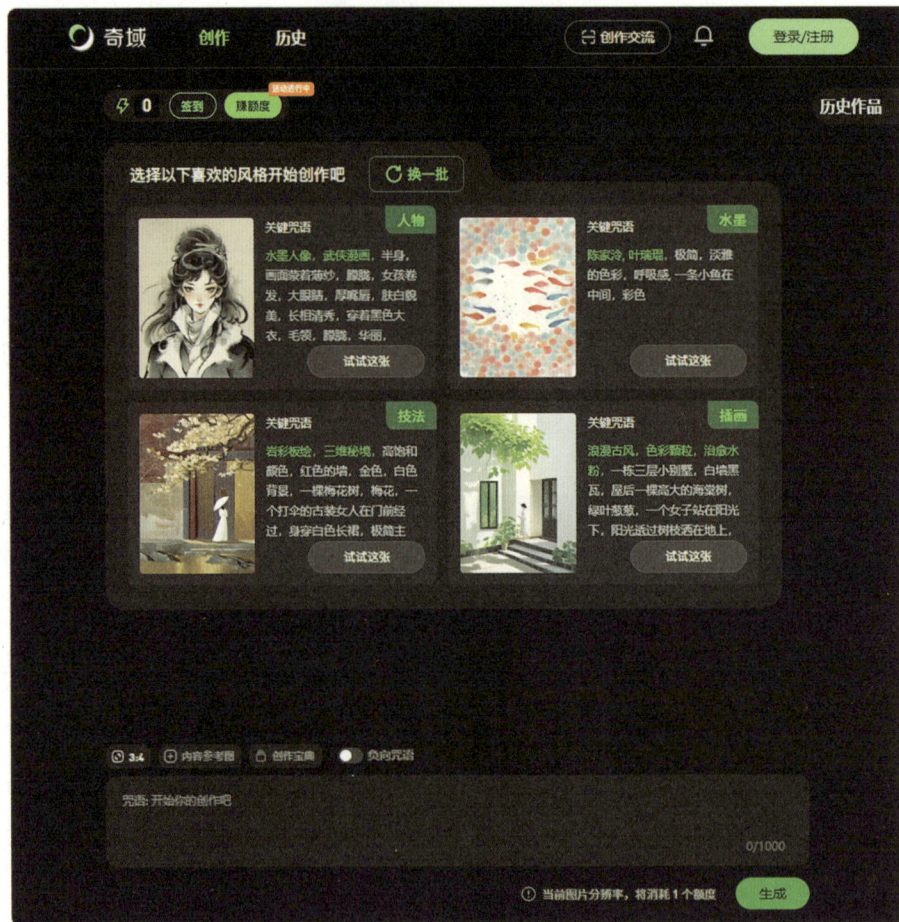

星流

"星流"是 LiblibAI 推出的一站式 AI 图像生成平台，基于自研的"Star-3 Alpha"通用图像生成模型，结合全球最大的 LoRA 增强模型库和先进的 AI 图像控制技术。为设计师、摄影师和影像创作者提供强大的生产力支持，星流 AI 具备高精度图像生成、智能推荐、色彩控制、区域重绘、智能扩图和细节修复等功能，适用于电商、广告、艺术创作等多个场景，具有多样化的风格和极佳的美学质量。

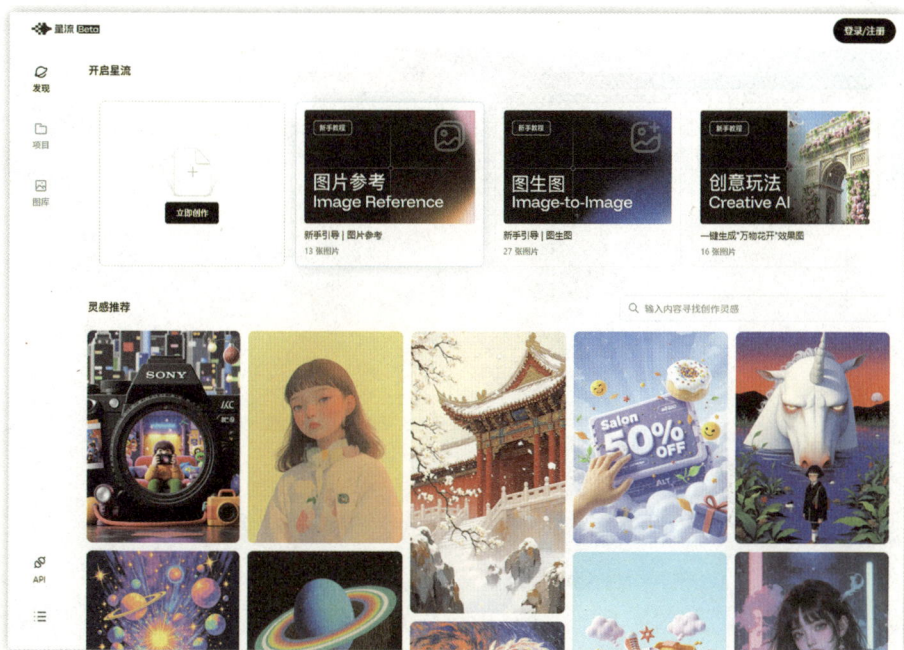

国内 AI 图像处理工具在中文支持、本地化场景等方面都有独特优势。在使用这些工具时，读者可以根据自己的具体需求和使用场景来选择最适合的一款。

音频处理工具

国际:

Voicemod

"Voicemod"是一款实时声音变声器,使用 AI 技术来改变用户的声音。它可以在游戏、直播或在线会议中使用,提供了各种有趣的声音效果和角色声音。

Splitter.ai

"Splitter.ai"是一款在线工具，能够使用 AI 技术将歌曲分离成人声、鼓、贝斯和其他乐器轨道。这对音乐制作者和 DJ 来说是一个强大的工具。

Krisp

"Krisp"的人工智能解决方案可以消除会议中的背景噪音和回声，只留下人声。它具有噪音和回声消除、小工具、见解和通话摘要等功能。"Krisp"这款工具可以近乎完美地隔离乐器和人声，从而节省了编辑播客的时间。

Cleanvoice

"Cleanvoice"是一种人工智能，它可以从播客或录音中删除填充音、口吃和嘴巴的声音。这款工具非常适合那些希望提升音频清晰度的专业人士。

Edit your podcast in ~~4 hours~~
10 mins. Automatically.

Remove background noise, filler words, long silence, and mouth sounds from your podcast using **AI**.
Without hitting pause button every 10-20 seconds.

Loved by 15,000+ podcasters

Try it for free ↑

No podcast editing tutorials.

Try without sign-up.
No credit card required.

Beatoven.ai

"Beatoven.ai"使用先进的人工智能音乐生成技术来创作独特的基于情绪的音乐，以适合视频或播客的每个部分。这款工具可以根据用户的情绪需求生成音乐，非常适合需要背景音乐的视频或播客制作人。

Create unique
background music that
you can call your own

An intuitive AI music generator that
lets you create and customize tracks
to your needs

CREATE FOR FREE

Riffusion

"Riffusion"是一个可以根据文本提示生成音乐的在线工具，它可以根据我们给出的文本提示并通过 AI 算法生成相关音乐。这款工具非常适合那些希望根据特定主题或情感创作音乐的用户。

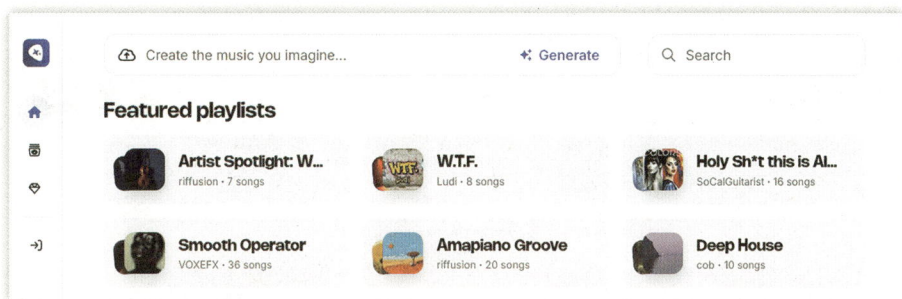

RespeecherAI 语音市场

"RespeecherAI 语音市场"允许用户用另一个人的声音说话并保留情绪、音量和重点。电影制作人、游戏创作者、配音演员、YouTuber 可以从库中选择任何声音或本地化具有不同口音的语音。这款工具非常适合需要多样化声音资源的专业人士。

Cohesive AI

"Cohesive AI"是一款人工智能语音合成工具，可以在几分钟内生成任何语音、风格和语言的高质量口头音频。它可以帮助你将故事讲述得更生动。这款工具接受 57 种语言的内容，并提供 8 种语言的 AI 语音翻译，更多翻译语言和语音克隆即将推出。

国内：

听悟

"听悟"是达摩院发布的一款 AI 效率工具，在学习、会议、培训、访谈等场景中支持实时字幕上屏、中英互译、会话结束后自动区分发言人，智能分析会话内容，提高沟通效率。

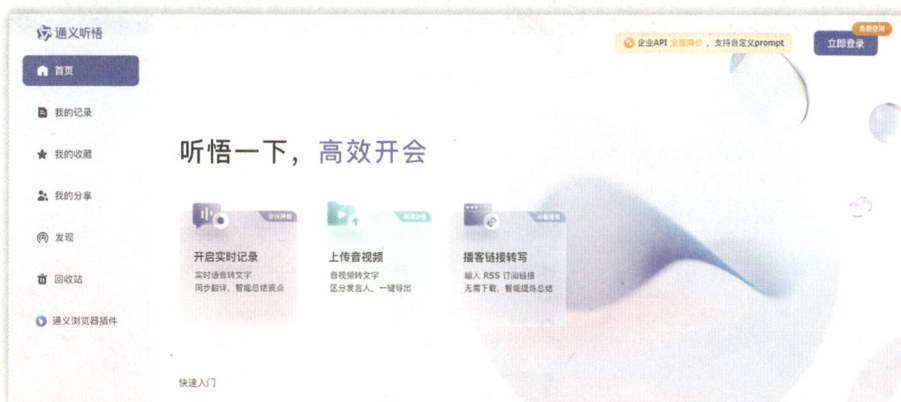

魔音工坊

"魔音工坊"是一家专业的 AI 声音克隆和配音平台，提供高质量的声音服务。它采用先进的 AI 语音合成技术，支持多种音色、语言和方言，并提供丰富的调音功能。该平台广泛应用于电商、广播、影视等多个领域，其配音助手 App 支持一键文本转音频。魔音工坊不断创新，致力于拓展语音大模型的边界，为用户提供更智能、个性化的声音服务。

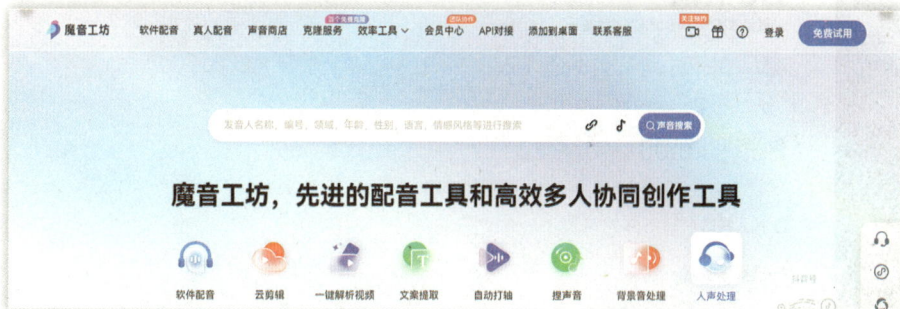

讯飞智作

"讯飞智作"中的讯飞配音是科大讯飞公司推出的 AI 语音合成工具。虽然它主要用于文字转语音,但也提供了基本的音频编辑功能。用户可以调整语速、音调,添加背景音乐等。这款工具特别适合需要快速生成语音内容的用户,如教育工作者、播客制作者等。

BGM 猫

灵动科技推出的"BGM 猫"是一个提供背景音乐制作服务的在线工具,能够帮助我们通过 AI 来在线制作生成背景音乐。它可以根据你的视频时长和标签,为你生成一首匹配的背景音乐。这款工具非常适合视频编辑者和内容创作者。

视频处理工具

国际：

Sora

"Sora"是由 OpenAI 开发的文本生成视频 AI 模型，于 2024 年 2 月发布。它能根据文字描述生成长达 60 秒的高质量视频，具备出色的场景连贯性和物理世界模拟能力。"Sora"可以创建复杂的场景，精确控制多个角色，并保持视觉风格的一致性。虽然目前仍在测试阶段，"Sora"已展现出革命性的潜力，有望彻底改变视频制作行业，并为创意表达开辟新的可能性。

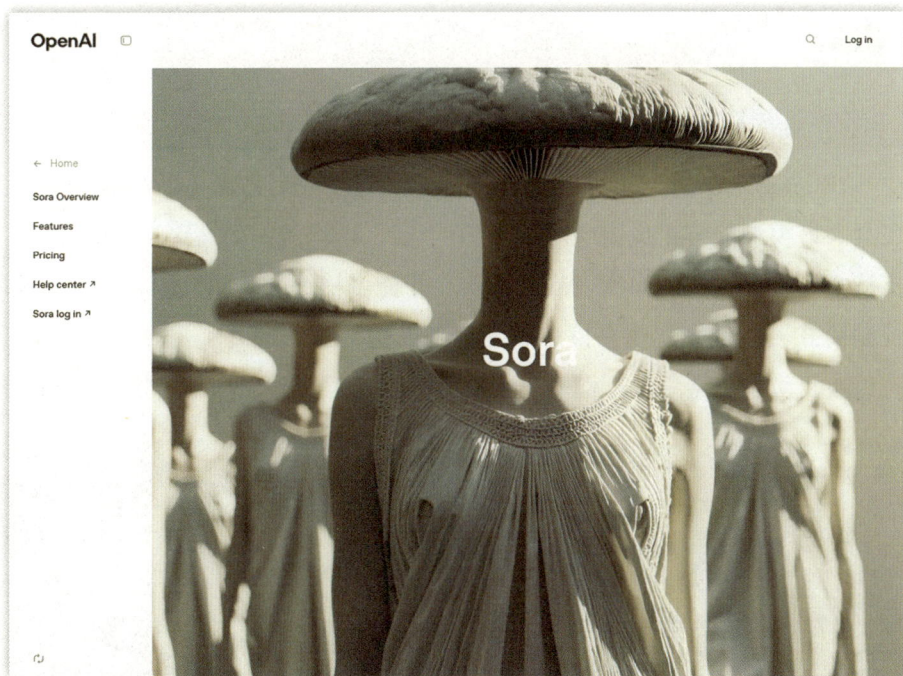

RunwayML

"RunwayML"是一个强大的 AI 创意工具平台,特别适合视频处理。它提供了多种 AI 功能,如视频风格转换、对象移除、运动跟踪等。用户可以通过简单的界面操作复杂的 AI 算法。

Runway Gen-3

"Runway"在 2024 年推出了"Gen-3",这是一个突破性的 AI 视频生成工具。该模型能够生成 10 秒长、细节丰富、动作流畅的高逼真视频片段,支持文本到视频、图像到视频的转换,并提供精细的时间控制和多种高级控制模式。通过大规模多模态训练基础设施,显著提升了视频的保真度、一致性和动态表现,为艺术家和创意工作者提供了强大的工具。

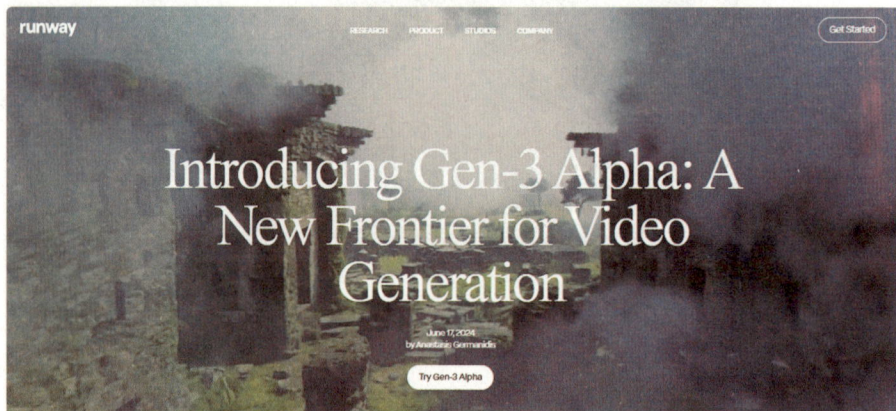

Topaz Video AI

"Topaz Video AI"专注于视频质量提升，使用 AI 技术来增强视频分辨率、减少噪点、提高帧率。它可以将老旧或低质量的视频提升到现代标准。

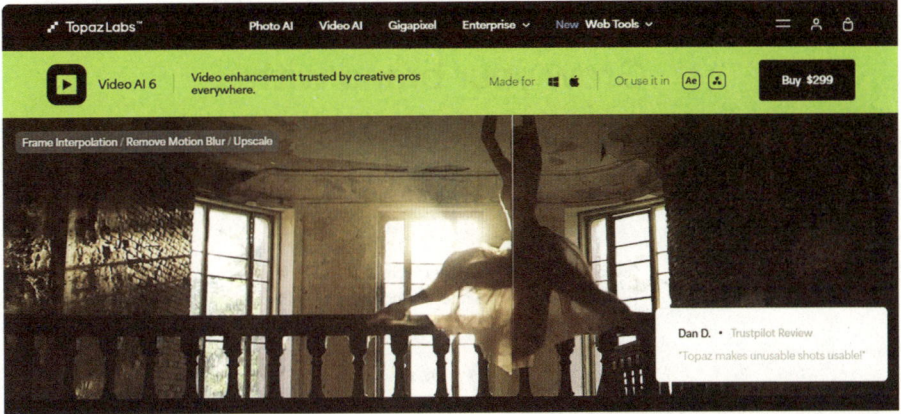

Synthesia

"Synthesia"是一款 AI 视频生成工具，可以创建逼真的 AI 人物视频。用户只需输入文本，就可以生成各种语言的演讲视频，非常适合教育和企业培训领域。

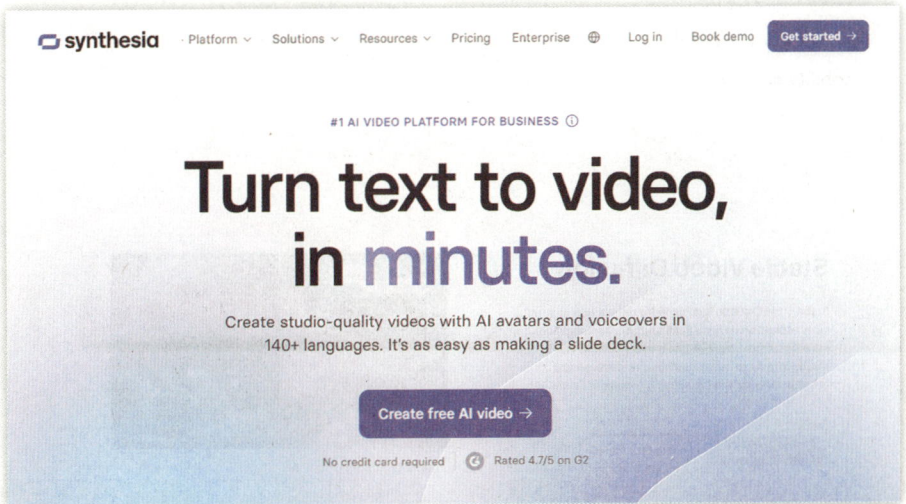

Lumen5

"Lumen5"使用 AI 技术将文本内容转换为视频。它可以自动选择相关的图片和视频片段，添加字幕和背景音乐，快速创建社交媒体视频内容。

Grow your brand with video creation made easy with AI

Our online AI video creator revolutionizes the way video content is ideated, created, and shared.

Sign up free   Request a demo

Stable Video Diffusion

由 Stability AI 推出的"Stable Video Diffusion"是图像生成模型"Stable Diffusion"在视频领域的扩展。它可以生成短视频剪辑，为创意工作者提供了新的表达方式。

stability.ai   Models ▾ Applications ▾ Deployment ▾ Company ▾ News Resources ▾   Contact Us

VIDEO MODELS

Stable Video Diffusion

Stable Video Diffusion is designed to serve a wide range of video applications in fields such as media, entertainment, education, marketing. It empowers individuals to transform text and image inputs into vivid scenes and elevates concepts into live action, cinematic creations.

Try Now

Download Weights   Read the Paper

Genmo

"Genmo"是另一个在 2023 年崭露头角的 AI 视频创作平台。它不仅可以生成视频，还能进行视频编辑和修改。用户可以通过文本指令来调整视频的各个方面，如添加或删除元素、改变场景等。

Visla AI

"Visla AI"是 2023 年推出的 AI 驱动的视频编辑工具。它能自动分析视频内容，提取关键片段，并提供智能编辑建议。这大大简化了视频后期制作过程，特别适合需要快速制作大量视频内容的团队。

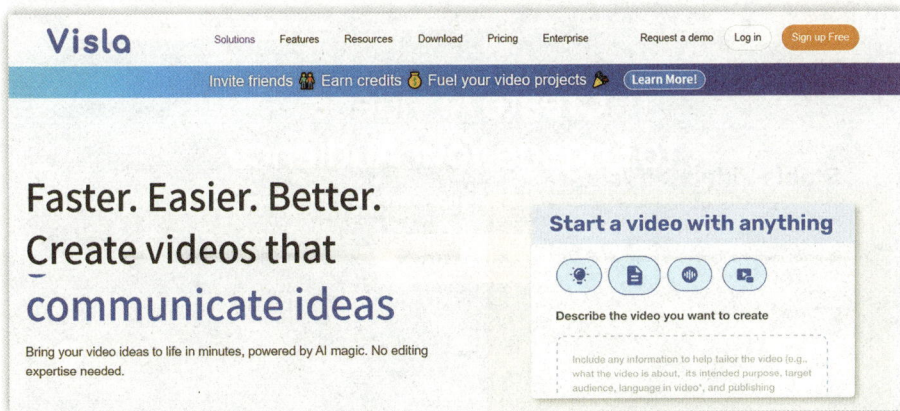

Elai.io

"Elai.io"专注于创建 AI 人物视频。用户可以选择虚拟人物形象，输入文本脚本，系统就能自动生成逼真的演讲视频。这个工具在教育培训、产品演示等领域有广泛应用。

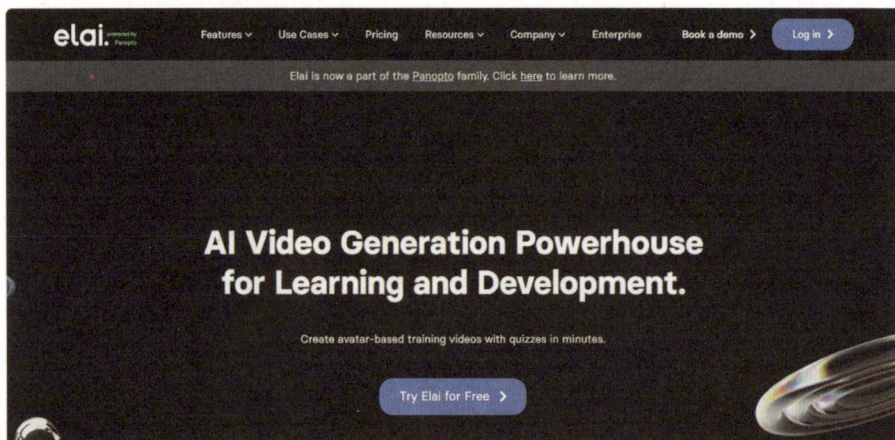

D–ID

"D–ID"是一款创新的 AI 视频生成工具，它可以将静态图片变成会说话的视频。用户只需上传一张照片和音频文件，D–ID 就能创建出逼真的说话视频，这在个性化营销和教育领域有很大潜力。

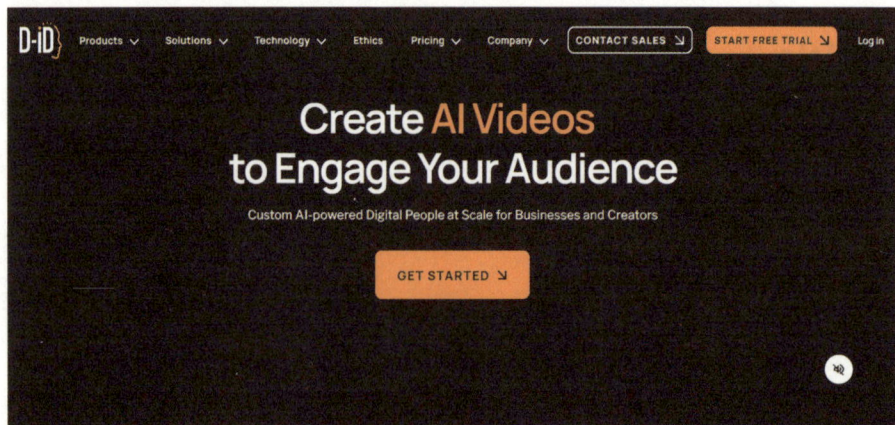

Pika AI

"Pika"是一款强大的 AI 视频生成工具，由 Pika Labs 开发并于 2023 年推出。它能够根据文本描述或图片输入创建高质量的短视频，支持多种风格和场景。"Pika"的特色功能包括视频编辑、风格转换和 3D 角色生成等。该工具使用简单，允许用户通过文字提示快速生成或编辑视频，大大降低了视频创作的门槛。

国内：

来画视频

"来画视频"是一个在线 AI 视频制作平台，提供大量模板和素材。它的 AI 功能包括智能配音、自动生成动画等，适合快速制作营销视频。

腾讯智影

"腾讯智影"是一个集素材搜集、视频剪辑、后期包装、渲染导出和发布于一体的在线剪辑平台，能够为用户提供从端到端的一站式视频剪辑及制作服务。它可以自动生成视频摘要、智能美化画面，还支持 AI 虚拟主播功能。

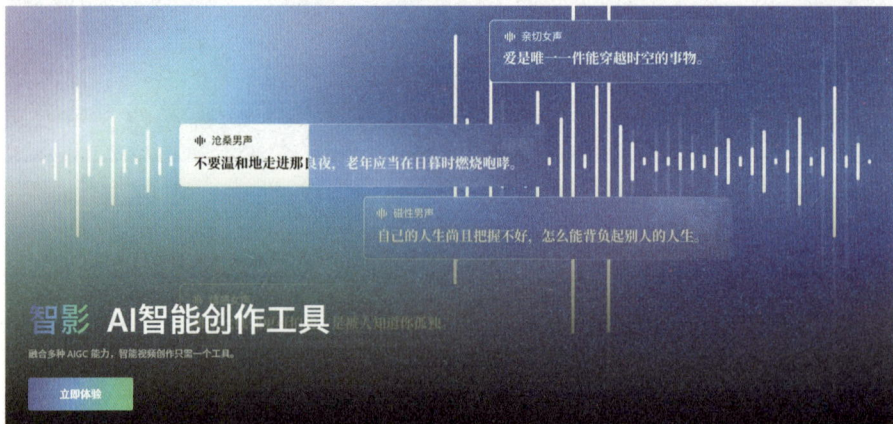